2020 China Biotechnology Base and Platform Report

2020中国生物技术基地平台报告

中国生物技术发展中心　编著

科学技术文献出版社
SCIENTIFIC AND TECHNICAL DOCUMENTATION PRESS
·北京·

图书在版编目（CIP）数据

2020中国生物技术基地平台报告 / 中国生物技术发展中心编著. —北京：科学技术文献出版社，2021. 7

ISBN 978-7-5189-7470-2

Ⅰ. ①2… Ⅱ. ①中… Ⅲ. ①生物工程—管理信息系统—研究报告—中国—2020 Ⅳ. ① Q81-39

中国版本图书馆 CIP 数据核字（2020）第 250012 号

2020中国生物技术基地平台报告

策划编辑：郝迎聪　　责任编辑：王　培　　责任校对：张吲哚　　责任出版：张志平

出 版 者　科学技术文献出版社
地　　址　北京市复兴路15号　邮编 100038
编 务 部　(010) 58882938，58882087（传真）
发 行 部　(010) 58882868，58882870（传真）
邮 购 部　(010) 58882873
官方网址　www.stdp.com.cn
发 行 者　科学技术文献出版社发行　全国各地新华书店经销
印 刷 者　北京时尚印佳彩色印刷有限公司
版　　次　2021 年 7 月第 1 版　2021 年 7 月第 1 次印刷
开　　本　787 × 1092　1/16
字　　数　149千
印　　张　9.5
书　　号　ISBN 978-7-5189-7470-2
定　　价　98.00元

《2020 中国生物技术基地平台报告》
编写人员名单

编 委 会 主 任： 张新民

编委会副主任： 沈建忠　范　玲　郑玉果

主　　　　编： 范　玲

副　主　编： 石东升　王　莹

编　　　　委：（按姓氏笔画排序）

马俊才　王　晶　王　磊　王志发　王健伟
朱礼军　任全娥　李　群　李冬雪　李苏宁
杨　喆　肖　尧　吴函蓉　旷　苗　何　蕊
张　鑫　张宏翔　武瑞君　周黎明　夏义堃
曹　芹　曹　燕　董　华　虞吉强　熊　燕
魏　巍

前言

当前，生物技术成为新一轮科技革命的制高点和产业变革的新引擎，是世界科技强国的战略必争之地。世界主要国家都将生物技术作为科技重点领域，积极部署战略规划，优先发展。在党和国家的高度重视和广大科研人员的共同努力下，中国生物技术取得了长足进步，支撑经济社会发展的作用不断增强。

党的十九大以来，中国进一步加快实施创新驱动发展战略的部署，高度重视科技创新基地平台的建设工作，先后出台《“十三五”国家科技创新基地与条件保障能力建设专项规划》《关于促进新型研发机构发展的指导意见》等重要政策引导性文件，为提升科技创新基地平台的整体实力提供政策保障。2020 年 10 月，党的十九届五中全会召开，审议通过《中共中央关于制定国民经济和社会发展第十四个五年规划和二〇三五年远景目标的建议》，明确提出科技创新基地平台的发展目标，强调“推进国家实验室建设，重组国家重点实验室体系。布局建设综合性国家科学中心和区域性创新高地，支持北京、上海、粤港澳大湾区形成国际科技创新中心。构建国家科研论文和科技信息高端交流平台”。生物技术基地平台是开展生物技术研究、生产和服务的重要科技创新载体。根据国家战略需求、科学前沿发展及产业创新发展需要，以提升国家自主创新能力为目标，近年来，国家和地方推进各类科技创新基地平台的建设，打造生物技术创新国家战略力量。

中国生物技术发展中心在《2018 中国生物技术基地平台报告》与《2019 中国生物技术基地平台报告》的基础上，联合武汉大学共同编写了《2020 中国生物技术基地平台报告》。本书在总结国家生物技术基地平台建设的同时，尝试摸清各地方生物技术基地平台的建设规模与发展现状，梳理分析科学与工程研究类、技术创新与成果转化类、基础支撑与条件保障类三大类基地平台在不同省、自治区、直辖市的布局特点和发展情况，为我国生物技术基地平台建设和长远发展提供决策支撑。

本书可为生物技术领域的科学家、企业家、管理人员和关心生物技术与产业发展的各界人士提供借鉴参考。但由于数据来源有限，特别是部分省、自治区、直辖市生物技术基地平台的反馈数据不够完整，本书在全面性和系统性方面仍有不足之处，我们将在以后的工作中进一步改进和完善。此外，由于编写人员水平有限，本书难免有疏漏之处，敬请读者批评指正。

编　者

2021 年 3 月

目 录

图表目录

第一章　总　论

习近平总书记指出："成为世界科技强国，成为世界主要科学中心和创新高地，必须拥有一批世界一流科研机构、研究型大学、创新型企业，能够持续涌现一批重大原创性科学成果。"[①] 要掌握新一轮全球生物技术竞争的战略主动权，推动我国从生物技术大国迈向生物技术强国，提升生物技术产业的国际竞争力，必须高度重视生物技术领域基地平台建设，夯实科技创新基础，为我国生物技术创新发展提供强有力的战略支撑。

第一节　概　述

本书在明确生物技术基地平台范畴的基础上，广泛收集与处理国家和地方生物技术基地平台建设的相关数据，并对我国生物技术基地平台的总体规模和建设情况进行梳理分析。

（一）基地平台范畴

在编写过程中，生物技术基地平台的范畴、类型、定位主要参考了《"十三五"国家科技创新基地与条件保障能力建设专项规划》（国科发基〔2017〕322 号）（以下简称《规划》）中的指导意见。根据《规划》指导意见，本书将国家基地平台和地方基地平台的范畴类型均分为三大类，即科学与工程研究类、技术创新与成果转化类、基础支撑与条件保障类。

科学与工程研究类基地平台定位于瞄准国际前沿，聚焦国家战略目标，围绕重大科学前沿、重大科技任务和大科学工程，开展战略性、前沿性、前瞻性、基础性、综合性科技创新活动。主要包括国家重点实验室、省部共建国家重点实验室、

---

① 习近平 . 为建设世界科技强国而奋斗：在全国科技创新大会、两院院士大会、中国科协第九次全国代表大会上的讲话【EB/OL】.【2020-12-20】.http：//www.xinhuanet.com//politics/2016-05/31/c_1118965169.htm.

企业国家实验室。

技术创新与成果转化类基地平台定位于面向经济社会发展和创新社会治理、建设平安中国等国家需求，开展共性关键技术和工程化技术研究，推动应用示范、成果转化及产业化，提升国家自主创新能力和科技进步水平。主要包括国家工程研究中心、国家技术创新中心和国家临床医学研究中心等。

基础支撑与条件保障类基地平台定位于为发现自然规律、获取长期野外定位观测研究数据、实验数据与样本等科学研究工作，提供公益性、共享性、开放性基础支撑和科技资源共享服务。主要包括国家生物种质资源库、国家人类遗传资源库、国际大型科学仪器中心等。

（二）数据来源

本书对我国生物技术基地平台的研究主要采用文献调研、文献计量、问卷调查、数据统计、内容分析等研究方法，研究数据主要来源于以下 5 个方面。

一是国家基地平台数据，主要在《2019 中国生物技术基地平台报告》的基础上进行数据更新，通过各类型文献数据库、数值型数据库、统计数据库的文献检索，补充国家企业重点实验室、国家科学数据中心等基地平台数据，进行统计分析。

二是地方基地平台数据，来源于 2020 年中国生物技术发展中心面向各个省、自治区、直辖市科技主管部门发放的调研问卷，共回收问卷 1898 份。该问卷对高等院校、三甲医院、科研院所及企业等机构进行了广泛调研，覆盖范围包括全国各省、自治区、直辖市的重点实验室、工程研究中心、技术创新中心、工程技术研究中心、临床医学研究中心、国际科技合作基地、高新技术产业开发区、经济技术开发区、中药现代化科技产业基地、生物种质资源库、人类遗传资源库、大型科学仪器中心、重大科技基础设施、科学数据中心等共 14 种基地平台类型。

三是生物技术基地平台政策措施，来源于万方数据库的政策数据、相关部委和地方政府门户网站数据、《2018 中国生物技术基地平台报告》和《2019 中国生物技术基地平台报告》等。

四是典型基地平台，主要来源于有关单位提交的数据资料及科技部官网、基地平台依托单位官网等开源数据，包括国家基因组科学数据中心、国家微生物科学数据中心、国家人口健康科学数据中心等数据中心的相关信息。

五是地方基地平台的缺失数据、存疑数据、勘误数据，主要通过依托单位官网、依托有关部门和兄弟单位协助等途径进行数据核实、数据清洗与信息补充。

第二节 全球生物技术基地平台现状和特点

一、全球生物技术基地平台总体规模

近年来，伴随着各国对生物技术投入力度的不断增加，全球生物技术基地平台的规模日渐扩大。截至 2019 年 6 月，国外主要生物技术大国已建成各类生物技术基地平台 1750 家，包括科学与工程研究类基地平台 521 家（29.77%）、技术创新与成果转化类基地平台 1027 家（58.69%）、基础支撑与条件保障类基地平台 202 家（11.54%），如表 1-1 所示[①]。

表 1-1 2019 年全球重点国家生物技术基地平台分布

单位：家

基地平台类型		美国	加拿大	英国	德国	法国	瑞士	日本	总计	占比
科学与工程研究类基地平台	国家（重点）实验室、国立/州立科研机构等	254	74	50	60	7	21	55	521	29.77%
技术创新与成果转化类基地平台	国家（临床）医学研究中心、企业研究中心、产业园区等	314	137	146	127	117	41	145	1027	58.69%
基础支撑与条件保障类基地平台	资源共享平台等	142	—	9	4	—	2	45	202	11.54%
总计		710	211	205	191	124	64	245	1750	100.00%

① 中国生物技术发展中心 .2019 中国生物技术基地平台报告 [M]. 北京：科学技术文献出版社，2019：4.

二、全球生物技术基地平台建设特点

（一）形成了政府引导下基地平台协同化建设格局

通过加强顶层设计，颁布系列政策、规划等，美国、英国、日本、德国[①]等国家确立了生物技术基地平台的建设定位，引导基地平台的发展方向。同时，各国纷纷加大了对生物技术基地平台的建设投入，并加强政府、企业、基金会合作，形成了开放有序、多主体投入、多元化运行的生物技术基地平台运营管理体系[②]。在各国政府的支持引导下，全球的生物技术基地平台发展迅速，据不完全统计，美国、加拿大、英国、德国、法国、瑞士、日本等7个国家的生物技术基地平台已达1750个[③]，形成了以国立科研机构为主体的科学与工程研究类基地平台、以企业研究中心等为代表的技术创新与成果转化类平台、以数据中心和资源共享平台等构成的基础支撑与条件保障类平台，三类平台互为促进、协同发展，构建了功能完备、结构完善的生物技术基地平台发展体系。

（二）突出了基地平台区域集群化发展趋势

全球生物技术基地平台建设总体上呈现出大分散、小集中的特点。因经济、科技等水平差异，不同国家间生物技术基地平台建设数量、类型与层次结构并不均衡。同时，从各国情况来看，生物技术基地平台主要集中在生物医药产业基础好、高层次人才密集、生物技术研发力量雄厚、交通便利、开放度高的地区[④]，如英国剑桥、美国波士顿、德国海登堡等区域，呈现出基地平台集群化发展的规律，表明生物技术基地平台对于区域人才、技术、交通等要素供给有着较高的要求。

（三）彰显了基地平台的辐射带动效应

各国生物技术基地平台在国家的生物技术创新网络中处于重要地位，对于生物技术研究创新、关键技术产品的重大突破等发挥着带动作用。美国橡树岭国家实验室利用超级计算机对上千种化合物进行模拟，筛选小分子药物；欧洲生物信

---

① 吴函蓉，夏凡，杨力，等 . 德国生物技术发展的经验及启示 [J]. 科技中国，2018，255（12）：33-35.

② 王飞 . 美国生物医药产业创新的升级规律及启示 [J]. 南京社会科学，2019（8）：29-35.

③ 中国生物技术发展中心 .2019 中国生物技术基地平台报告 [M]. 北京：科学技术文献出版社，2019：4.

④ 王涛，杨正 . 美国生物技术领域政策研究 [J]. 全球科技经济瞭望，2020（3）：1-6.

息学研究所（EMBL-EBI）、欧洲生命科学大数据联盟（Elixir）等联合创建“欧洲新冠肺炎数据平台”，快速收集和共享疫情防控研究数据，突破大数据转化与利用的瓶颈[①]。

第三节　我国生物技术基地平台现状和特点

一、我国生物技术基地平台基本情况

（一）国家生物技术基地平台

截至 2020 年 8 月，我国已建成各类国家生物技术基地平台 986 家，包括科学与工程研究类基地平台 136 家，技术创新与成果转化类基地平台 531 家，基础支撑与条件保障类基地平台 319 家，如表 1-2 所示。

科学与工程研究类基地平台中，包含国家重点实验室 74 家，省部共建国家重点实验室 31 家，企业国家重点实验室 31 家；技术创新与成果转化类基地平台中，共有国家国际科技合作基地 163 家（国际创新园 5 家、国际联合研究中心 58 家、示范型国际科技合作基地 99 家、国际技术转移中心 1 家），国家工程技术研究中心 98 家，国家工程研究中心 29 家，国家临床医学研究中心 50 家，国家中药现代化科技产业基地 25 家，国家高新技术产业开发区 165 家，国家技术创新中心 1 家；基础支撑与条件保障类基地平台中，包括国家生物种质资源库 179 家，国家人类遗传资源库 105 家，国家大型科学仪器中心 11 家，国家重大科技基础设施 13 家，国家科学数据中心 11 家（图 1-1）。

① 科技日报 . 欧盟：创建新冠肺炎数据共享平台【EB/OL】.【2020-12-24】. http：//www.cac.gov.cn/2020-04/22/c_1589103563391151.htm.

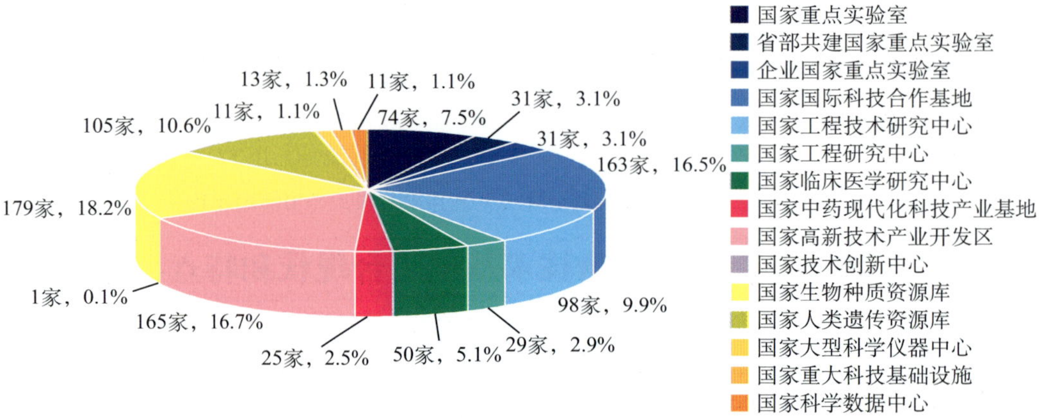

图 1-1　我国生物技术基地平台类别及数量

表 1-2　我国国家生物技术基地平台汇总

单位：家

序号	基地平台类型	二级类目	数量
1	科学与工程研究类基地平台	国家重点实验室	74
2		省部共建国家重点实验室	31
3		企业国家重点实验室	31
4	技术创新与成果转化类基地平台	国家国际科技合作基地	163
5		国家工程技术研究中心	98
6		国家工程研究中心	29
7		国家临床医学研究中心	50
8		国家中药现代化科技产业基地	25
9		国家高新技术产业开发区	165
10		国家技术创新中心	1
11	基础支撑与条件保障类基地平台	国家生物种质资源库	179
12		国家人类遗传资源库	105
13		国家大型科学仪器中心	11
14		国家重大科技基础设施	13
15		国家科学数据中心	11

（二）地方生物技术基地平台

根据中国生物技术发展中心调研问卷的反馈数据，截至 2020 年 8 月，共收集

1895 家地方生物技术基地平台相关数据，如表 1-3 所示。其中，科学与工程研究类基地平台总数为 842 家，技术创新与成果转化类基地平台总数为 1011 家，基础支撑与条件保障类基地平台总数为 42 家。

表 1-3　2019 年我国地方生物技术基地平台投入产出情况比较

基地平台类型	总规模 / 家	投入		产出		
		经费投入 / 万元（占比）	科研人员投入 / 人（占比）	研究论文产出 / 篇（占比）	国家专利授权 / 项（占比）	国际专利授权 / 项（占比）
科学与工程研究类基地平台	842	1 062 731（12.62%）	38 680（26.85%）	21 195（52.55%）	4847（38.23%）	132（13.41%）
技术创新与成果转化类基地平台	1011	7 325 471（87.02%）	104 414（72.48%）	18 760（46.51%）	7667（60.48%）	850（86.38%）
基础支撑与条件保障类基地平台	42	30 171（0.36%）	975（0.68%）	381（0.94%）	163（1.29%）	2（0.20%）
总计	1895	8 418 373	144 069	40 336	12 677	984

注：统计数据来源于中国生物技术发展中心在 2020 年 7 月 16 日至 8 月 10 日发放的问卷调查系统。

二、我国生物技术基地平台建设特点

经过多年的努力，我国生物技术基地平台建设及生物产业发展取得了长足进步，为保障人民生命安全、推动科技创新和经济社会发展提供了强有力的支撑。

实施“十三五”规划以来，我国以生命科学及生物医学相关的国家实验室为引领，优化整合了现有的国家工程技术研究中心、国家工程研究中心及国家工程实验室，并新建了一批国家临床医学研究中心、生物种质资源库和实验材料资源库（馆）及国家生物科技创新基地，构建了涵盖基础研究、技术研发和成果转化及条件支撑与保障的国家级生物技术协同创新体系。

（一）科学与工程研究类基地平台研发基础扎实

按照本次报告统计数据，国家科学与工程研究类基地平台共计 136 家，地方科学与工程研究类基地平台 842 家。从地方科学与工程研究类基地平台的投入来看，2019 年经费投入在三大类基地平台中的占比为 12.62%，2019 年科研人员投入占比为 90.98%。从科研产出来看，2019 年研究论文产出数为 21 195 篇，在三大类基地平台中的占比为 52.55%；国家专利授权数为 4847 项，在三大类基地平台中的占比为 38.23%；国际专利授权数为 132 项，在三大类基地平台中的占比为 13.41%。

（二）技术创新与成果转化类基地平台优势突出

在我国生物技术三大类基地平台建设中，技术创新与成果转化类基地平台的建设规模与人财物投入更具优势。统计数据显示，国家技术创新与成果转化类基地平台共有 531 家，占国家基地平台总数的 53.85%；地方生物技术创新与成果转化类基地平台共有 1011 家，占地方基地平台总数的 53.35%。从调研问卷反馈结果来看，地方基地平台的经费投入在地方基地平台中的占比为 87.02%；科研人员总数在地方基地平台中的占比为 8.94%。国际专利授权总数为 850 项，平均每家基地平台授权专利 0.84 项；发表 SCI 论文 18 760 篇，平均每家基地平台发表 18.56 篇。

（三）基础支撑与条件保障类基地平台建设初具规模

经过持续投入与强化支持，国家生物技术基础支撑与条件保障类基地平台建设取得新成效。生物种质资源库、人类遗传资源库、国家大型科学仪器中心、国家重大科技基础设施及国家科学数据中心等平台种类齐全、发展迅速，初步构建了面向不同对象的多功能平台服务体系，有力支撑了我国生物技术的创新发展。在新冠肺炎疫情防控的关键时期，国家基因组科学数据中心、国家微生物科学数据中心、国家人口健康科学数据中心等国家科学数据中心，着力收集、分析海内外新冠肺炎疫情数据，积极推动数据开放共享，主动为科研攻关提供高效的数据支撑与数据分析服务。同时，各地方的生物种质资源库、人类遗传资源库建设成效突出，地方生物技术基础支撑与条件保障能力逐步发挥更为重要的作用。

第二章　生物技术基地平台相关政策

科技创新基地平台是国家科技创新能力建设的重要组成部分，是实施创新驱动发展的重要基础和保障，是提高国家综合竞争力的关键。生物技术基地平台建设，迫切需要强化顶层设计，改革管理体制，健全开放共享和协同创新机制，以科学完善的制度体系规范和保障生物技术基地平台的有序运行。

第一节　国家生物技术基地平台政策措施

为推进生物技术的快速发展，我国相继出台了一系列生物技术领域的政策、规划、通知等文件，从基地平台建设、产业发展、科技成果转化、技术创新、优化环境等角度为我国生物技术的发展指明了方向，明确了任务目标和建设要求，形成了战略规划—实施方案—政策措施的递进式政策发展体系。通过全面梳理相关政策文件，重点选取生物技术领域的国家政策（17 项）及涉及生物技术基地平台的相关政策（18 项）进行系统分析，主要从基地平台的定位分类、建设目标、功能任务等方面，对科学与工程研究类基地平台、技术创新与成果转化类基地平台、基础支撑与条件保障类基地平台这 3 种类型的生物技术基地平台的建设发展相关政策文本内容分别进行阐述与归纳分析。

一、基地平台定位与分类

本书梳理现有国家政策文件，对生物技术基地平台建设目标、功能定位与类型划分等予以明确。

1. 建设目标

《“十三五”国家科技创新基地与条件保障能力建设专项规划》高度肯定了包括生物技术类基地平台在内的科技创新基地的重要性与战略地位，明确指出科技创新基地和科技基础条件保障能力是国家科技创新能力建设的重要组成部分，是实施创新驱动发展战略的重要基础和保障，是提高国家综合竞争力的关键。其建设目标是到2020年，形成布局合理、定位清晰、管理科学、运行高效、投入多元、动态调整、开放共享、协同发展的国家科技创新基地与科技基础条件保障能力体系。

《国家科技创新基地优化整合方案》进一步明确了基地平台的建设目标，即国家科技创新基地要“以提升国家自主创新能力为目标，着眼长远和全局，以国家实验室为引领统筹布局国家科技创新基地建设。”要“围绕国家战略和创新链布局需求，大力推动基础研究、技术开发、成果转化协同创新，夯实自主创新的物质技术基础。”

《“十三五”生物产业发展规划》提出打造创新发展新平台，指出生物技术基地平台的建设目标是“瞄准全球生物产业发展制高点，进一步夯实创新基础，以国家生物产业基地为核心，加快构建支撑体系，大力提升产业发展的质量和效益，推动我国生物产业更多依靠创新驱动发展。”

2. 功能定位

《“十三五”国家科技创新基地与条件保障能力建设专项规划》提出了要以国家实验室为引领，推进国家科技创新基地建设向统筹规划、系统布局、分类管理的国家科技创新基地体系建设转变，推进科技基础条件建设向大幅提高基础支撑能力和自我保障能力转变。

《国家科技创新基地优化整合方案》明确指出：“国家科技创新基地是围绕国家目标，根据科学前沿发展、国家战略需求及产业创新发展需要，开展基础研究、行业产业共性关键技术研发、科技成果转化及产业化、科技资源共享服务等科技创新活动的重要载体，是国家创新体系的重要组成部分。”

《“十三五”生物技术创新专项规划》明确要加强生物技术领域大型综合性研究基地布局，指出应以国家目标和战略需求为导向，瞄准国际生物科技前沿，优化配置人财物资源，整合国内现有生物技术领域最有优势的创新单元，打造聚集国内外一流生物人才的高地，开展具有重大引领作用的协同攻关，重点发展引领产业变革的颠覆性技术，形成代表国家水平、国际同行认可、在国际上拥有话语权的科技创新实力，成为抢占国际科技制高点的重要战略创新力量。实现我国生物技术从“跟跑”和“并跑”向“并跑”和“领跑”的转变。

3. 类型划分

《“十三五”国家科技创新基地与条件保障能力建设专项规划》为生物技术基地平台的类型划分提供了指导性意见和依据，即按照不同类型平台的功能作用，将国家科技创新基地分为 3 类，依次是科学与工程研究类国家科技创新基地、技术创新与成果转化类国家科技创新基地和基础支撑与条件保障类国家科技创新基地。不同类型的基地平台分别包括了若干子类别，并采取分类管理的模式，“形成了科技创新基地与科技基础条件保障能力体系建设和科技创新活动紧密衔接、互融互通的新格局”。

二、国家生物技术基地平台政策体系建设情况

（一）科学与工程研究类基地平台建设方面

1. 建设目标

《“十三五”国家科技创新规划》提出，要建设高效协同的国家创新体系，明确提出要系统布局高水平创新基地，其目标是瞄准世界科技前沿和产业变革趋势，聚焦国家战略需求，按照创新链、产业链加强系统整合布局，以国家实验室为引领，形成功能完备、相互衔接的创新基地，充分聚集一流人才，增强创新储备，提升创新全链条支撑能力，为实现重大创新突破、培育高端产业奠定重要基础。

《“十三五”国家科技创新基地与条件保障能力建设专项规划》明确指出：“布局建设若干体现国家意志、实现国家使命、代表国家水平的国家实验室。”“面向前沿科学、基础科学、工程科学，推动学科发展，在优化调整的基础上，部署建设一批国家重点实验室。统筹推进学科、省部共建、企业、军民共建和港澳伙伴国家重点实验室建设发展。”

2. 功能定位

《国家科技创新基地优化整合方案》明确指出：“科学与工程研究类国家科技创新基地定位于瞄准国际前沿，聚焦国家战略目标，围绕重大科学前沿、重大科技任务和大科学工程，开展战略性、前沿性、前瞻性、基础性、综合性科技创新活动。”

其中，国家实验室应“体现国家意志、实现国家使命、代表国家水平的战略科技力量，是面向国际科技竞争的创新基础平台，是保障国家安全的核心支撑，是突破型、引领型、平台型一体化的大型综合性研究基地。”国家重点实验室应“面向前沿科学、基础科学、工程科学等，开展基础研究、应用基础研究等，推动学科发展，促进技术进步，发挥原始创新能力的引领带动作用。”

《“十二五”生物技术发展规划》指出：“优化生命科学和生物技术研究领域的科技资源配置，打造布局合理、科学高效并具有国际一流水平的国家重点实验室、国家工程技术研究中心、研究共享平台和产业化示范基地，促进生物技术资源的整合和开发共享，为生物技术研究和成果产业化提供有效支撑。”

《“健康中国2030”规划纲要》指出：要大力加强国家临床医学研究中心和协同创新网络建设，进一步强化实验室、工程中心等科研基地能力建设，依托现有机构推进中医药临床研究基地和科研机构能力建设，完善医学研究科研基地布局。

2019年，科技部制定的《关于促进新型研发机构发展的指导意见》指出，通过发展新型研发机构，进一步优化科研力量布局，促进科技成果转移转化，推动科技创新和经济社会发展的深度融合。

（二）技术创新与成果转化类基地平台建设方面

1. 建设目标

《“十三五”国家科技创新基地与条件保障能力建设专项规划》明确指出：“面向国家长远发展的重大产业技术领域需求，建设若干综合性国家技术创新中心。面向经济社会发展和产业转型升级对共性关键技术的需求，建设一批专业性国家技术创新中心。”“面向重大临床医学需求和产业化需要，建设一批国家临床医学研究中心。”“面向国家重大战略任务和重点工程建设需求，在优化整合的基础上建设一批国家工程研究中心。”

《“十三五”生物产业发展规划》提出，要加强转化应用平台建设，包括建设抗体偶联药物一体化研发平台、建设医学影像信息库网络、建设农作物分子育种平台等。

2020年3月制定的《关于推进国家技术创新中心建设的总体方案（暂行）》提出了基地平台建设的时间表，即到2025年，布局建设若干国家技术创新中心，突破制约我国产业安全的关键技术瓶颈，培育壮大一批具有核心创新能力的一流企业，催生若干以技术创新为引领、经济附加值高、带动作用强的重要产业，形成若干具有广泛辐射带动作用的区域创新高地，为构建现代化产业体系、实现高质量发展、加快建设创新型国家与世界科技强国提供强有力支撑。

《国家技术创新中心建设工作指引》提出，国家技术创新中心的功能定位是："以产业前沿引领技术和关键共性技术研发与应用为核心，加强应用基础研究，协同推进现代工程技术和颠覆性技术创新，打造创新资源集聚、组织运行开放、治理结构多元的综合性产业技术创新平台"。同时，也要对国家重点产业领域技术创新发挥战略支撑引领作用，"要建立以企业为主体、市场为导向、产学研深度融合的技术创新体系，辐射形成更加完善的产业创新生态。"

2. 功能定位

《"十三五"国家科技创新基地与条件保障能力建设专项规划》指出：国家工程研究中心开展关键技术攻关和试验研究、重大装备研制、重大科技成果工程化实验验证，突破关键技术和核心装备制约，支撑国家重大工程建设和重点产业发展的国家科技创新基地；国家技术创新中心应开展共性关键技术和产品研发、科技成果转移转化及应用示范的国家科技创新基地；国家临床医学研究中心应以协同网络为支撑，开展临床研究、协同创新、学术交流、人才培养、成果转化、推广应用的技术创新与成果转化类国家科技创新基地。

《国家科技创新基地优化整合方案》指出：技术创新与成果转化类国家科技创新基地定位于"面向经济社会发展和创新社会治理、建设平安中国等国家需求，开展共性关键技术和工程化技术研究，推动应用示范、成果转化及产业化，提升国家自主创新能力和科技进步水平"。

《"十二五"生物技术发展规划》明确指出：国家级生物技术孵化器、国家级生物技术转移中心等中介服务机构、技术成果转化平台，应将技术成果快速实现转化和商业化；而综合性生物技术研究开发中心，应为原创性、重大突破性研究提供基础设施支持与服务；生物技术推广中心，则应推广普及生物高技术，服务经济增长。

《"健康中国 2030"规划纲要》提出，应"完善政产学研用协同创新体系，推动医药创新和转型升级。支持组建产业联盟或联合体，构建创新驱动、绿色低碳、智能高效的先进制造体系。”

为优化创新创业环境，2020年，国务院印发了《国务院关于促进国家高新技术产业开发区高质量发展的若干意见》、科技部印发了《科技部办公厅关于加快推动国家科技成果转移转化示范区建设发展的通知》，为我国生物技术高新技术产业开发区建设明确了总体方向与目标任务。

（三）基础支撑与条件保障类基地平台建设方面

1. 建设目标

《“十二五”生物技术发展规划》提出建设若干资源共享的重大科技基础设施。建设国家生物信息科技基础设施——国家生物信息中心，包括国家生物技术管理信息库，基因组、蛋白质组、代谢组等生物信息库，大型生物样本、标本、病例资源和人类遗传资源库及共享服务体系；建设若干实验动物与模式生物基础设施和生物医学资源基础设施。

《“十三五”国家科技创新基地与条件保障能力建设专项规划》提出，要全面推进科研设施与仪器、各类国家科技创新基地、科学数据、生物种质和实验材料的开放共享和高效利用，形成一批公共服务机构、服务基地或者数据中心。

《“十三五”生物产业发展规划》提出要夯实创新基础平台，包括建设技术先进的基因库、完善中药标准物质及质量信息库、完善高级别生物安全实验室体系、建设蛋白元件资源库、建设生物产业标准物质库；同时，要建设检测服务平台，包括仿制药一致性评价检测平台、生物药质量及安全测试技术创新平台、农产品安全质量检测平台、生物质能检验检测及监测公共服务平台等。

2020年，科技部、财政部等6个部门联合印发了《新形势下加强基础研究若干重点举措》。其指出，为营造有利于基础研究发展的创新环境，对基地平台的基础保障功能提出了更高的要求，如加强科研设施与仪器国家网络管理平台建设，加快推进科研设施与仪器开放共享，建设一批国家科学数据中心、国家科技资源库（馆），构建完善的国家科技文献信息保障服务体系等。

2. 功能定位

《“十三五”国家科技创新基地与条件保障能力建设专项规划》对部分基础支撑与条件保障基地平台的目标任务予以明确：国家科技资源共享服务平台应“加强优

质科技资源有机集成，提升科技资源使用效率，为科学研究、技术进步和社会发展提供网络化、社会化科技资源共享服务的国家科技创新基地。”国家野外科学观测研究站“是服务于生态学、地学、农学、环境科学、材料科学等领域发展，获取长期野外定位观测数据并开展研究工作的国家科技创新基地。”

《国家科技创新基地优化整合方案》明确提出，基础支撑与条件保障类国家科技创新基地定位于“为发现自然规律、获取长期野外定位观测研究数据等科学研究工作，提供公益性、共享性、开放性基础支撑和科技资源共享服务。”

2018 年，国务院办公厅印发了《科学数据管理办法》，明确由科技部统筹推进国家科学数据中心建设和发展，在条件好、资源优势明显的科学数据中心基础上，优化整合形成国家科学数据中心，不断推动科学数据开放共享。

2019 年，《科技部　财政部发布国家科技资源共享服务平台优化调整名单》的通知确定了 20 家国家科学数据中心、30 家国家生物种质与实验材料资源库。

同年，科技部联合财务部制定了《国家科技资源共享服务平台管理办法》，对科学数据、生物种质与实验材料、科研设施和科研仪器等科技资源的共享平台的组建、运行和考核提出了指导性建设意见。

在基础支撑与条件保障基地平台的运营管理上，《国家重大科研基础设施和大型科研仪器开放共享管理办法》指出，科研设施与仪器原则上都应当对社会开放共享，为其他高校、科研院所、企业、社会研发组织及个人等社会用户提供服务，尤其要为创新创业、中小微企业发展提供支撑保障。

除上述政策外，中央各部委还出台了一些与生物技术基地平台发展有重要关联的政策文件，这些政策立足于融合各类基地平台，为技术创新、成果转化、大众创业提供充分的政策支持与制度保障，为规范和推动生物技术基地平台建设发挥了重要的规范和引导作用。

第二节　地方生物技术基地平台政策措施

本节从宏观层面分析我国地方生物技术基地平台政策措施的时空分布情况，归纳出政策发布时间的阶段性特征与地域分布特点；同时，从微观层面具体阐述地方生物技术基地平台政策体系建设情况，包括地方生物技术基地平台政策、地方生物产业发展政策、科学数据管理相关政策等。

一、地方生物技术基地平台政策的分布特点

（一）时间分布特点

根据数据库检索与网络信息整理，统计出我国各地生物技术基地平台相关政策在不同时间节点的出台情况。根据政策文件内容，以10年为周期，分为政策起步期、创新期、完善期和“十三五”收官之年。

如表2-1所示，从我国地方生物技术基地平台政策措施的出台时间及政策文本主要内容来看，我国地方生物技术基地平台政策措施具有阶段性发展的特点，不同阶段关注的政策侧重点各有不同，政策内容不断丰富。

① 2004—2015年是生物技术基地平台建设起步与政策探索阶段。各省、自治区、直辖市先后出台了35项相关政策文件。主要特点是政策措施针对性强、关联度高、内容丰富，涵盖生物化工、生物医药、生物产业、生物育种、转基因、生物安全性检测等。同时，持续时间较长，12年间先后出台了35项生物技术基地平台政策措施，反映出各地应对时间、反应速度与条件基础的差异性。

② 2016—2017年是政策创新期。围绕国家“十三五”科技发展规划及生物技术相关政策，各地积极响应，因地制宜，密集出台配套政策文件和制度规范，显示了各地贯彻执行国家生物技术战略的积极性。2016年出台相关政策文件共有49项，2017年出台相关政策文件共有14项，两年共发布63项政策规范，政策出台密集。

③ 2018—2019年是政策完善期。2018年，国务院办公厅印发《科学数据管理办法》，各省、自治区、直辖市先后制定了地方科学数据管理办法，共有17项。同时，部分地区进一步加强了生物技术基地平台管理的制度建设，包括生物医药、生物农业、生物资源库、生物医用材料等，共16项。

④ 2020年是国家和地方实施“十三五”规划的收官之年，特别是新冠肺炎疫情的全球暴发，进一步凸显了加强生物技术发展的重要意义，各地密集出台了加强生物技术及生物医药产业快速发展的地方性法规政策。例如，深圳市《深圳市人民政府办公厅关于印发深圳市促进生物医药产业集聚发展若干措施的通知》（2020年1月23日）、青岛市《关于支持生物医药产业高质量发展若干政策措施的通知》（2020

年 2 月 7 日)、广州市《广州市加快生物医药产业发展若干规定（修订）》(2020 年 2 月 22 日)、无锡市《关于加快推进无锡市现代生物医药产业发展的若干措施》(2020 年 3 月底）等，主动开启了新一轮地方生物医药产业发展的谋划和布局。

表 2–1 地方生物技术基地平台政策发布的时间分布

发布时间	政策数量 / 项	政策重点	内容特点
2004—2015 年	35	基地平台建设与管理办法的创建	涉及领域较为全面，初步搭建地方基地平台的基本建设框架
2016—2017 年	63	“十三五”发展重点与目标、加强基地平台建设	聚焦生物医药、生物科技产业，明确各地基地平台的重点发展领域和推进举措
2018—2019 年	33	科学数据管理、“十三五”相关政策执行	明确地方科学数据管理实施办法，加强基地平台建设的举措
2020 年至今	8	基地平台建设、“十四五”规划与生物医药产业发展	强化基地平台建设的生物技术发展需求驱动，凸显基地平台建设的现实紧迫性与目标导向性

（二）地域分布特点

我国各省、自治区、直辖市生物技术基地平台相关政策的发布数量反映出地方生物技术基地平台政策的地域分布特点，如表 2–2 所示。

表 2–2 各省、自治区、直辖市生物技术基地平台相关政策发布数量

单位：项

东部地区	政策数量	中部地区	政策数量	西部地区	政策数量	东北地区	政策数量
北京	8	安徽	9	甘肃	9	黑龙江	12
福建	13	河南	9	广西	11	吉林	5
广东	13	湖北	13	贵州	13	辽宁	9
海南	6	湖南	11	内蒙古	8	合计	26
河北	11	江西	9	宁夏	7	平均	8.7
江苏	13	山西	16	青海	9		
山东	14	合计	67	陕西	7		
上海	8	平均	11.2	四川	9		

续表

东部地区	政策数量	中部地区	政策数量	西部地区	政策数量	东北地区	政策数量
天津	12			西藏	7		
浙江	11			新疆	11		
合计	109			云南	15		
平均	10.9			重庆	8		
				合计	114		
				平均	9.5		

通过对各省、自治区、直辖市生物技术基地平台相关政策发布数量进行区域性比较，可以看出我国地方生物技术基地平台政策在空间分布上具有以下特点。

①高度重视生物技术基地平台建设，政策文件具有明显的地方特色。例如，《新疆维吾尔自治区医药行业“十二五”发展规划》《新疆维吾尔自治区中药民族药资源保护与产业发展规划（2016—2020 年）》《内蒙古自治区促进医药产业健康发展实施方案》《西藏自治区医药工业发展规划（2017—2025）》《云南省生物医药和大健康产业发展规划（2016—2020 年）》等文件的制定结合地方实际，体现地方优势和特色。

②地方生物技术基地平台政策发布密度不均衡。按照国家统计局对我国经济区域的划分方法，将按照东部、中部、西部、东北 4 个区域进行比较分析。中部地区相关生物技术政策文件有 67 项，平均 11.2 项；东部地区相关生物技术政策文件有 109 项，平均 10.9 项；西部地区相关生物技术政策文件有 114 项，平均 9.5 项；东北地区相关生物技术政策文件共 26 项，平均 8.7 项。

③地方政策制定与执行的重视程度和推进力度较大。整体而言，有关生物技术基地平台建设、产业发展规划等制度文件多数以各地人民政府名义颁发，如《浙江省健康产业发展规划（2015—2020）》《江西省生物医药产业发展行动计划（2016—2020 年）》等分别以浙江省、江西省人民政府名义发布，有利于推动政策落地。

二、地方生物技术基地平台政策体系建设情况

各省、自治区、直辖市高度重视生物技术基地平台建设，结合实际，因地制宜，纷纷制定了符合本地情况的生物技术中长期发展规划。政策内容包括制定推动

地方基地平台创新发展的扶持政策、制定地方生物技术和生物产业健康发展的实施方案、搭建地方生物技术共享平台和提升服务支撑能力、营造生物产业发展良好环境等。本节重点围绕生物技术基地平台建设、生物医药产业发展及生物数据资源管理等方面，对地方生物技术基地平台政策进行梳理分析。

（一）科学与工程研究类基地平台

《上海市科技创新“十三五”规划》指出，要加快推进部市共建国家重点实验室建设，引导和推进各级各类重点实验室、工程技术研究中心等研发基地平台的开放与融合发展。同时，要夯实科技基础，建设张江综合性国家科学中心，重点建设药物创新研究院、类脑智能技术产业研究院，支持本土跨国企业在沪设立全球研发中心、重点实验室、企业技术研究院等新型研发机构，积极参与和发起国际科技合作与国际大科学计划，增强科技创新国际话语权。

《海南省“十三五”科技发展规划》一方面提出要加快重点实验室、工程技术研究中心等创新载体建设，优化重点实验室和工程技术研究中心布局，引导科技资源向企业集聚，鼓励和支持企业与高校、科研院所联合共建实验室，优先在高新技术企业、行业龙头骨干企业和战略新兴产业领域布局建设一批工程技术研究中心、重点实验室；另一方面，还规定了具体目标任务，如力争国家重点实验室达到 2 家以上，省级重点实验室、工程技术研究中心总数达到 130 家以上。

《安徽省“十三五”科技创新发展规划》提出打造合肥综合性国家科学中心和产业创新中心，提升省级重点实验室运行管理水平，优化绩效评价指标体系，建立动态管理的激励机制。同时，也明确了任务目标，“力争到 2020 年，全省基本建成有重要影响力的综合性国家科学中心和产业创新中心，建成合芜蚌国家自主创新示范区。”

《广东省发展生物医药与健康战略性支柱产业集群行动计划（2021—2025 年）》的建设目标与任务更为明确：如支持广州市打造粤港澳大湾区生命科学合作区和研发中心，布局生命科学、生物安全、研发外包、高端医疗、健康养老等领域；推动生物安全治理体系建设，布局建设一批高等级生物安全实验室，促进人类遗传资源的有效保护和合理利用；推动生物岛实验室、深圳湾实验室建设，支持省实验室面向生物医药与健康产业建设综合性大科学装置及布局建设国家生物安全四级实验室（P4）和一批生物安全三级实验室（P3）等。

《黑龙江省“十三五”科技创新规划》在强调优化战略综合类、技术创新类、科学研究类、基础支撑类科研基地和平台布局，争取建设国家实验室等国家级科研基地的基础上，围绕生物医药、农产品精深加工、生态保护等方向，进一步提出支持有条件的高等学校、科研院所、大中型企业自建或联合共建省级重点实验室，支持有条件的省级重点实验室申报国家重点实验室。

《云南省生物医药和大健康产业发展规划》明确指出：“以中科院昆明植物所等为依托，构建天然药物筛选、成药性研究平台；以中科院昆明动物所、云南省药物所、中科灵长类重点实验室、中国医科院医学生物学所等为依托，构建药物临床前研究平台；以中科院昆明动物所、云南省药物研究所、云南沃森生物技术股份有限公司等为依托，构建安全性评价（GLP）和药物中试平台；以省第一人民医院、昆明医科大学附属医院、云南中医学院附属医院、解放军昆明总医院等为依托，构建一批药物临床评价平台（GCP）；建设全球最大的符合国际标准的非人灵长类实验动物基地。”

《2020 年度河南省生物医药产业发展工作方案》的任务目标更为具体，如支持省内行业优势企业和科研院所申报建设 P3 实验室，建设完善省疾病预防控制中心 P3 实验室，加强与骨干企业开展研发合作。

（二）技术创新与成果转化类基地平台

《促进上海市生物医药产业高质量发展行动方案（2018—2020 年）》明确提出：加快建设张江药物实验室，推动其成为具有全球影响力的原创新药研发平台。集中力量做强生物医药产业技术研发与转化功能型平台，理顺管理运行的体制机制，促进创新资源开放协同和研发成果的转移转化。重点规划建设一批定位清晰、配套完备、特色鲜明、绿色生态的高端制造园区。

《海南省“十三五”科技发展规划》里强调：加强医药与健康领域科技创新，保障人民生命健康。加强临床诊治及医疗保健技术、本地特色药物研发及产业化、新药研发和引进、医药研发公共服务平台建设研究。

《广东省发展生物医药与健康战略性支柱产业集群行动计划（2021—2025 年）》明确了技术创新与成果转化类基地平台的建设目标，即围绕产业集群需求，建设一批新型基础设施和重大创新平台，提升产业技术创新能力。同时，提出实施十大产业特色园区建设工程。例如，发挥广州国际生物岛、广州科学城生物产业基地、中新（广州）知识城生命健康产业基地、深圳坪山国家生物产业基地、深圳坝光国际生物谷、珠海金湾生物医药产业园、横琴粤澳合作中医药科技产业园、中山国家健康科技产业基地、佛山高新区医药健康产业园、东莞松山湖生物基地等产业集聚带动作用，建设十大综合性产业园区。此外，还进一步指出，要在优势领域创建国家临床医学研究中心，建设30家省级临床医学研究中心，打造具有影响力的国家医学中心和区域医疗中心。

《安徽省人民政府办公厅关于印发促进医药产业健康发展实施方案的通知》提出，要重点建设阜阳太和现代医药、亳州现代中药、合肥生命健康产业基地。同时，要建设合肥高新区生物医药和高端医疗器械产业集聚发展基地，共建工程技术研究中心和产业化技术研究院，如抗炎免疫药物安徽省工程技术研究中心和安徽省创新药物研究院，为产业发展提供良好的创新平台支撑。

《云南省生物医药和大健康产业发展规划》提出，要推进天然药物和健康产品优质原料基地建设，目标是建设成为全国最优质的天然药物和健康产品原料基地。同时，还要加大力度建设好中药材综合园区和生物医药、大健康产品研发生产基地。

《浙江省生物经济发展行动计划（2019—2022年）》强调，要建设一批高能级创新平台："支持杭州、宁波等地区有关单位创建生物医药领域国家产业创新中心、国家制造业创新中心等国家级创新载体。支持浙江大学、西湖大学、浙江工业大学、温州医科大学等一批高校科研平台建设，支持中国科学院肿瘤与基础医学研究所、中国科学院宁波材料技术与工程研究所、浙江省智能诊疗设备制造业创新中心、浙江清华长三角研究院、中国科学院大学温州研究院等一批新型研发平台建设。"同时，还规定了任务指标，到2022年，力争建成15家以上高能级创新平台。

《2020年度河南省生物医药产业发展工作方案》规定了当年目标任务，如推动互联网医疗系统与应用国家工程实验室建成验收并投入使用，加快河南省基因检测技术应用示范中心、河南省精准医学大数据工程实验室、郑州大学基因测序与转化工程研究中心建设。

（三）基础支撑与条件保障类基地平台

《上海市科技创新"十三五"规划》明确要"围绕信息共享、科技成果转移、科技金融、检测认证、科技咨询等服务环节的需求，构建一批创新服务功能型平台，为创新创业提供多方位的软硬环境支撑。”要加快推进“国家重大科研基础设施和大型科研仪器向社会开放试点城市（上海）建设。”

《广东省发展生物医药与健康战略性支柱产业集群行动计划（2021—2025年）》提出在产业集群的核心区，要“加快建设国家基因库、脑解析与脑模拟设施、人类细胞谱系装置、精准医学影像大设施、合成生物研究设施等，布局生物样本库、健康医疗大数据中心等重大科技基础设施。完善产业创新服务体系，加快生物医药专业孵化器、研发外包、检测检验等服务机构建设”。

《海南省“十三五”科技发展规划》规定了要建成一批重大科技基础条件平台，推进大型科学仪器协作共用平台建设，为科技创新活动提供基础支撑。同时，还明确了具体任务，如大型科学仪器协作共用平台入网单位达到80家、仪器原值达到8亿元。

《安徽省“十三五”科技创新发展规划》提出，应加强大型仪器设备协作网等通用性基础条件平台建设，支持中小企业利用大型科学仪器设备等协作平台开发新产品、新技术，实现各类科技资源在线协同创新和统一服务，为行业技术进步和企业创新提供科研条件支撑。

《云南省生物医药和大健康产业发展规划（2016—2020）》提出，要建设一批科技公共服务平台和专业化研发平台，形成完善的生物医药产业研发技术服务链。同时，要以云南空港国际科技创新园为核心，构建药品、保健品、化妆品、提取物、疾病动物模型、基因及干细胞等专业化研发中心和科技公共服务平台。

《浙江省生物经济发展行动计划（2019—2022年）》提出，加快建设生物样本库、动物实验研究中心、临床中心等一批公共服务平台，如中国人脑库、动物实验研究中心、临床试验中心、生物检测服务平台。

《2020年度河南省生物医药产业发展工作方案》明确当年基础支撑与条件保障类基地平台的任务是建设河南省食管癌基因数据库，完善河南省全民健康信息平台。

综上所述，我国生物技术基地平台政策具有如下特点和优势。

①高度重视生物技术基地平台的制度建设。党中央、国务院先后颁发《国家创新驱动发展战略纲要》《国务院关于加快培育和发展战略性新兴产业的决定》《生物产业发展规划》等纲领性文件，以科技创新、战略性新兴产业、生物产业等核心内容为关键词，既充分体现了政府对生物技术基地平台建设的高度重视，也集中反

映出生物技术基地平台建设在推动生物技术创新发展、提升国家创新能力中的突出地位。

②不断完善生物技术基地平台政策体系。目前，无论是在国家层面还是地方层面，生物技术基地平台政策出台数量总体呈现上升趋势，显示出我国对推动生物技术基地平台建设的重视；同时，政策形式丰富，既有宏观指导性的规划、纲要，也有强约束力的法规、条例，还有较强计划性特征的科技计划、实施方案、决议通知等，形成了目标清晰、统揽全局、体系完备的生物技术基地平台政策框架。

③着力推进生物技术基地平台政策创新。为激发政策红利，推进生物技术创新发展，各级政府努力健全生物技术基地平台建设的制度体系，通过不懈的政策优化与政策调整，政策重心逐步向生物技术创新与生物医药产业发展转移，进一步明确了生物技术人才的创新主体地位，并从生物技术政策、生物产业政策及基地平台政策等维度入手，强化为生物技术创新提供公共基础条件，增强生物技术创新资源与服务等政策供给，能力导向型生物技术基地平台建设政策体系已基本形成。

第三章　国家生物技术基地平台建设情况

本章对科学与工程研究类、技术创新与成果转化类、基础支撑与条件保障类三大基地平台类型进行系统梳理和分析。

第一节　科学与工程研究类基地平台

科学与工程研究类基地平台定位于瞄准国际前沿，聚焦国家战略目标，围绕重大科学前沿、重大科技任务和大科学工程，开展战略性、前沿性、前瞻性、基础性、综合性科技创新活动，具体包括国家重点实验室、省部共建国家重点实验室和企业国家重点实验室 3 种类型。其中，国家重点实验室于 1984 年启动建设，依托大学、科研院所和其他具有原始创新能力的机构开展高水平基础研究和应用基础研究；省部共建国家重点实验室始建于 2013 年，采取省部共建、以省为主的方式，依托地方所属高等学校和科研院所开展具有区域特色的应用基础研究；企业国家重点实验室启动于 2006 年，面向社会和行业未来发展的需求，开展应用基础研究和竞争前共性技术研究。

一、基本情况

截至 2020 年 8 月，生物技术相关领域科学与工程研究类基地平台共计 136 家，占全部国家生物技术基地平台的 13.79%。其中，国家重点实验室 74 家（有 5 家重点实验室属于 2 家单位跨省共建），省部共建国家重点实验室 31 家，企业国家重点实验室 31 家，如图 3-1 所示。

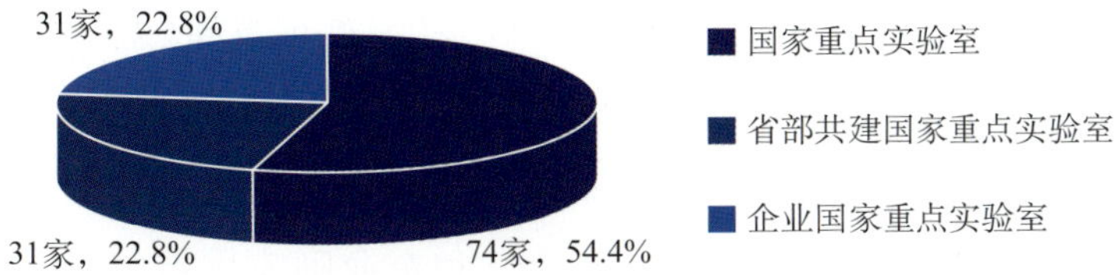

图 3–1　国家科学与工程研究类基地平台类型分布

二、地域分布

为科学全面地反映三大类平台的地域分布情况，参照国家统计局 2011 年的经济区域划分标准，将我国省市区域划分为东部地区、中部地区、西部地区和东北地区四大部分。科学与工程研究类基地平台分布在我国 29 个省份（不含港澳台地区），其中，大多数科学与工程研究类基地平台分布在东部地区（97 家，68.8%），其后依次为西部地区（22 家，15.6%）、中部地区（18 家，12.8%）和东北地区（4 家，2.8%），如图 3–2 所示。东部地区北京（30 家，31.3%）分布数量最多，其次为上海（16 家，16.7%）、广东（12 家，12.5%）；西部地区陕西、云南、重庆分布数量最多，均为 3 家，各占比 13.6%；中部地区分布数量最多的是湖北（6 家，33.3%），其次为河南、江西（均为 4 家，各占 22.2%）、湖南（3 家，各占 16.7%），安徽（1 家，5.6%）。东北三省中，辽宁（2 家，66.7%）、黑龙江（1 家，33.3%）均有分布，吉林没有布局，如图 3–3 所示。

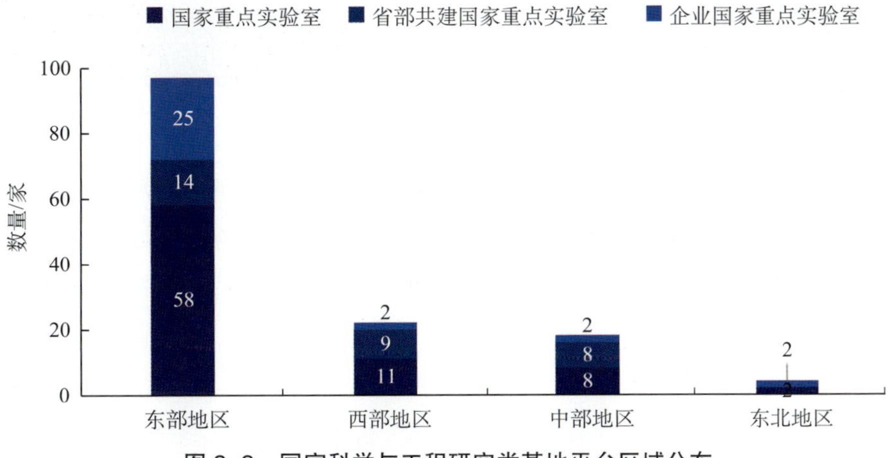

图 3–2　国家科学与工程研究类基地平台区域分布

（注：国家科学与工程研究类基地平台中有 5 家涉及跨省分布，跨省分布的平台在各省份分别统计，因此地区统计总数为 141 家）

在基地平台类型方面，东部地区共 97 家，以国家重点实验室（58 家，59.8%）为主，其次为企业国家重点实验室(25 家,25.8%)，省部共建国家重点实验室(14 家,14.4%）最少；西部地区共 22 家，布局最多的是国家重点实验室（11 家，50.0%)，其次为省部共建国家重点实验室(9 家,40.9%)和企业国家重点实验室(2 家,9.1%)；中部地区共 18 家，国家重点实验室(8 家,44.4%)和省部共建国家重点实验室(8 家,44.4%）并重，企业国家重点实验室最少（2 家，11.1%）；东北地区共 4 家，没有布局省部共建国家重点实验室，企业国家重点实验室（2 家，50.0%)、国家重点实验室（2 家，50.0%）亦较少。

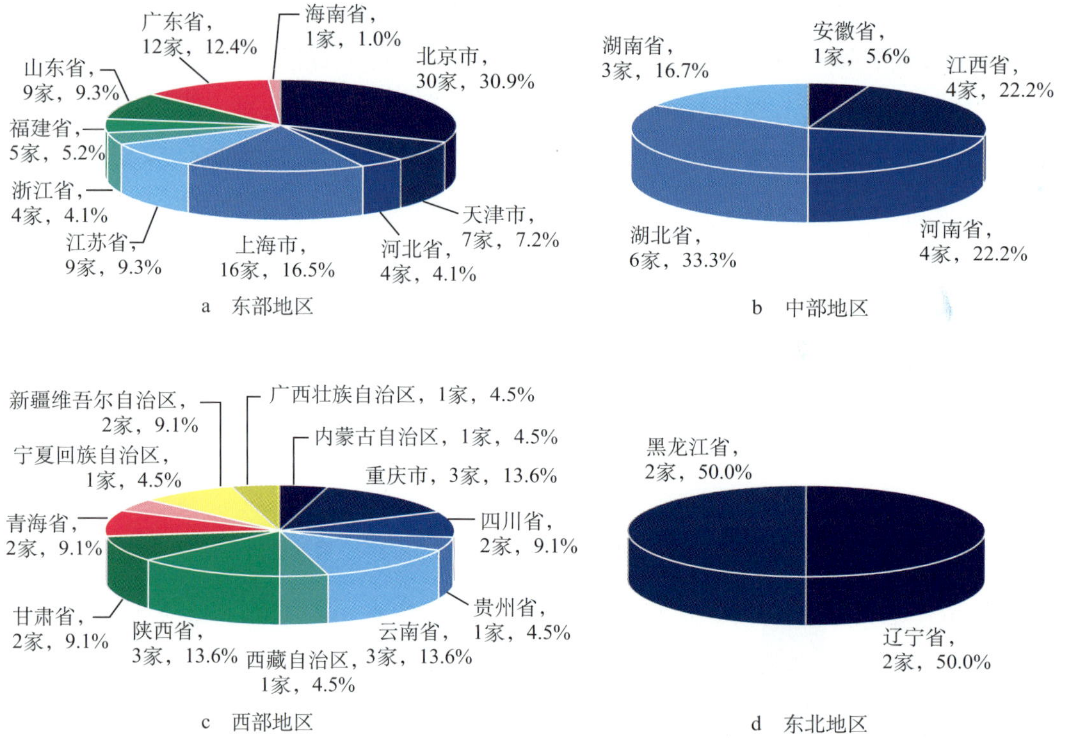

图 3–3 国家科学与工程研究类基地平台省市分布

（一）国家重点实验室

国家重点实验室共 74 家（有 5 家属于跨区域共建，按区域统计应为 79 家），主要分布于东部地区（58 家，73.4%)，然后依次为西部地区（11 家，13.9%)、中部地区（8 家，10.1%），东北地区（2 家，2.5%）布局最少。在东部 10 个省、自治区、直辖市中，8 个布局了国家重点实验室，其中以北京市（28 家）、上海市（12 家）分布数量最多；在西部 12 个省、自治区、直辖市中 6 个布局了国家重点实验室，分布数量多为 2 家；在中部 6 个省中有 4 个布局了国家重点实验室，其中以湖北省（5 家）分布数量最多；在东北三省中，仅黑龙江省布局了 2 家国家重点实验室，如图 3-4 所示。

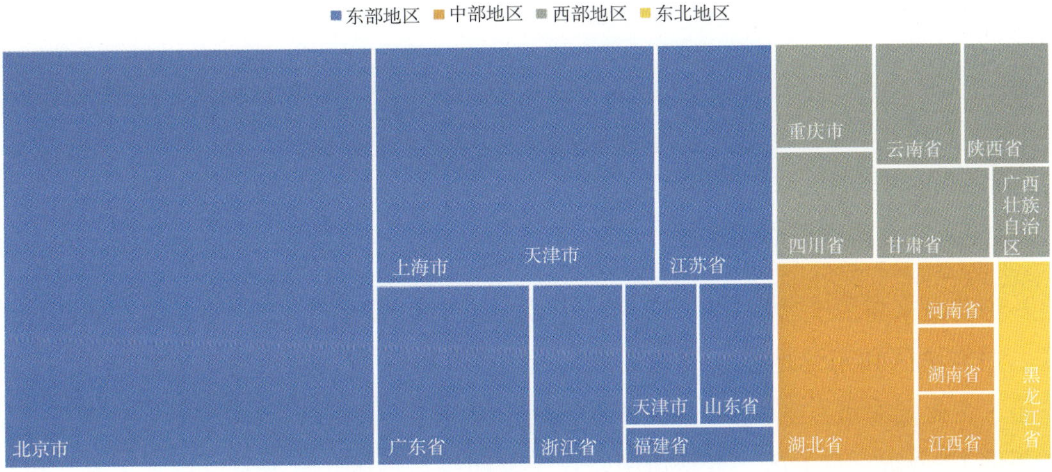

图 3-4　国家重点实验室区域分布

（二）省部共建国家重点实验室

省部共建国家重点实验室共有 31 家，主要分布于东部地区（14 家），然后依次为西部地区（9 家）、中部地区（8 家），东北地区没有布局。在东部 10 个省、自治区、直辖市中，8 个布局了省部共建国家重点实验室，其中以广东省（4 家）分布数量最多，福建省、山东省、天津市（均为 2 家）紧随其后；在西部 12 个省、自治区、直辖市中，8 个布局了省部共建国家重点实验室，其中以新疆维吾尔自治区（2 家）分布数量为最；在中部 6 个省中，5 个布局了省部共建国家重点实验室，其中以河南省（3 家）、湖南省（2 家）分布数量为最；东北三省均未布局省部共建国家重点实验室，如图 3-5 所示。

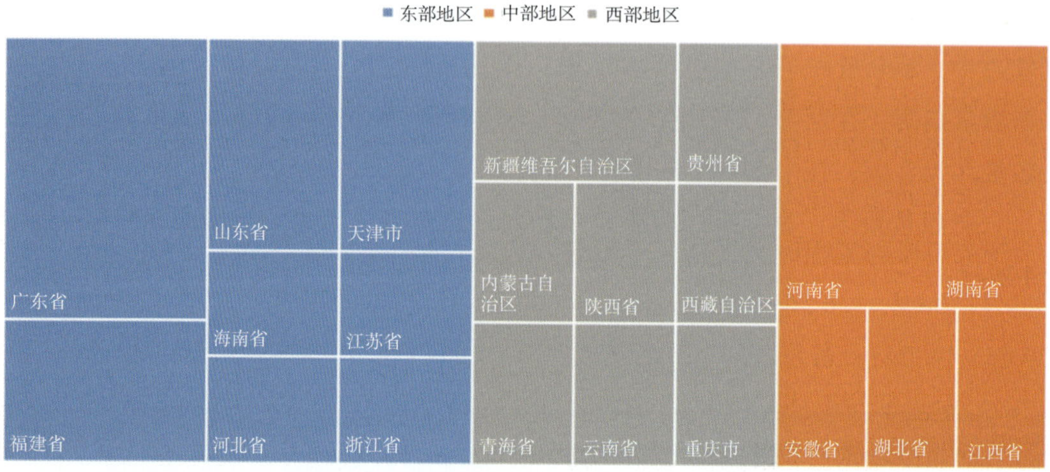

图 3–5　省部共建国家重点实验室区域分布

（三）企业国家重点实验室

企业国家重点实验室共有 31 家，主要分布于东部地区（25 家），其次为西部地区、中部地区和东北地区（均各 2 家）。在东部 10 个省、自治区、直辖市中，8 个布局了企业国家重点实验室，其中以山东省（5 家）、上海市（4 家）分布数量为最；在西部 12 个省、自治区、直辖市中，仅宁夏回族自治区、青海省（均为 1 家）布局了企业国家重点实验室；在中部 6 个省中，仅江西省布局了 2 家企业国家重点实验室；东北三省仅辽宁省布局了 2 家企业国家重点实验室，如图 3–6 所示。

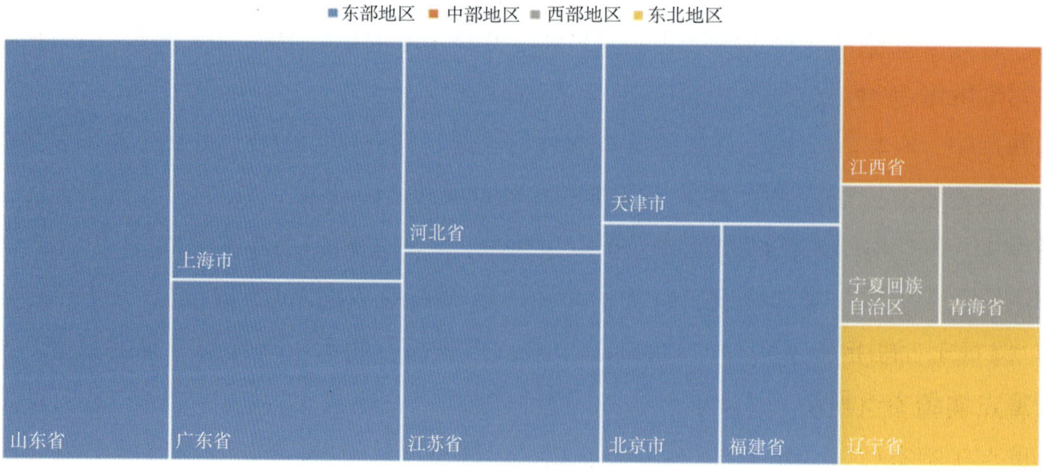

图 3–6　企业国家重点实验室区域分布

三、领域分布

根据中华人民共和国国家质量监督检验检疫总局和国家标准化管理委员会发布的学科分类与代码（GB/T 13745—2008）中与生物技术领域相关的学科分类，生物技术领域主要涉及23个一级学科。

国家科学与工程研究类基地平台共136家，研究领域覆盖10个一级学科，包括生物学（36家，26.5%）、农学（29家，21.3%）、药学（22家，16.2%）、临床医学（20家，14.7%）、畜牧、兽医科学（11家，8.1%）、自然科学相关工程与技术（8家，5.9%）、中医学与中药学（6家、4.4%）、食品科学技术（2家，1.5%）、环境科学技术及资源科学技术（1家，0.7%）、林学（1家，0.7%）。如图3-7所示。

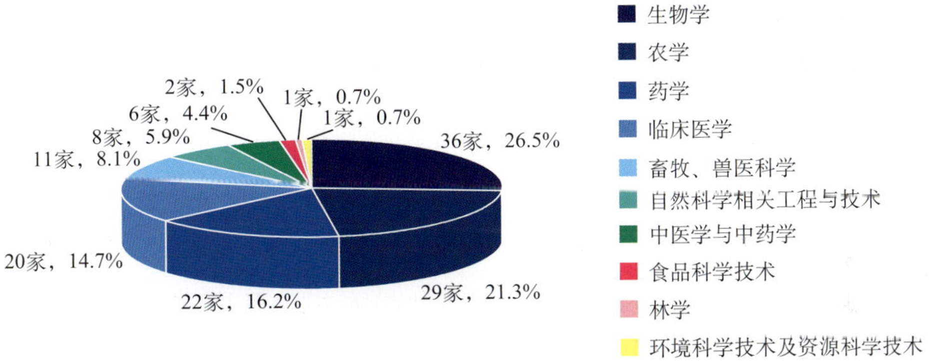

图3-7　国家科学与工程研究类基地平台研究领域分布

国家重点实验室、省部共建国家重点实验室和企业国家重点实验室3类科学与工程研究类基地平台在生物技术相关领域的具体分布情况，如图3-8所示。

生物学领域，包括国家重点实验室（29家，80.6%）和省部共建国家重点实验室（7家，19.4%）；农学领域，包括国家重点实验室（16家，55.2%）、省部共建国家重点实验室（8家，27.6%）和企业国家重点实验室（5家，17.2%）；药学领域，包括国家重点实验室（7家，31.8%）、省部共建国家重点实验室（2家，9.1%）和企业国家重点实验室（13家，59.1%）；临床医学领域，包括国家重点实验室（13家，65.0%）和省部共建国家重点实验室（7家，35.0%）；畜牧、兽医科学领域，包括国家重点实验室（4家，36.4%）、省部共建国家重点实验室（5家，45.5%）和企业国家重点实验室（2家，18.2%）；自然科学相关工程与技术领域，包括国家重点实验室（3

家，37.5%）、省部共建国家重点实验室（1 家，12.5%）和企业国家重点实验室（4 家，50.0%）；中医学与中药学领域，仅涉及企业国家重点实验室（6 家，100.0%）；食品科学技术领域，包括省部共建国家重点实验室（1 家，50.0%）和企业国家重点实验室（1 家，50.0%）；林学领域仅涉及国家重点实验室（1 家，100.0%）；环境科学技术及资源科学技术领域仅涉及国家重点实验室（1 家，100.0%）。

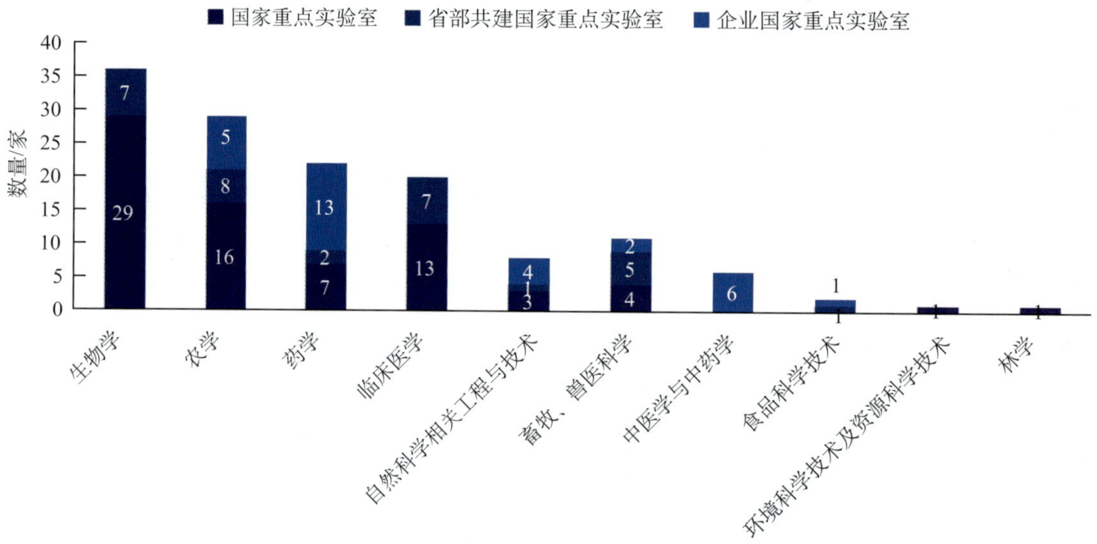

图 3-8　不同类型国家科学与工程研究类基地平台研究领域分布

（一）国家重点实验室

国家重点实验室所涉及的主要研究领域覆盖了生物学、农学、临床医学、药学、环境科学技术及资源科学技术等 8 个一级学科。依次为：生物学（29 家，39.2%）、农学（16 家，21.6%）、临床医学（13 家，17.6%）、药学（7 家，9.5%）、畜牧、兽医科学（4 家，5.4%）、自然科学相关工程与技术（3 家，4.1%）、环境科学技术及资源科学技术（1 家，1.4%）、林学（1 家，1.4%），如图 3-9 所示。

具体研究方向包括以下几个方面。

生物学主要涉及与分子生物学相关的蛋白质、蛋白质组学、基因、基因组学、癌基因、膜生物学、生物大分子、染色体工程等，与神经生物学相关的认知神经科学、医学神经生物学、神经科学、脑与认知科学等，与微生物学相关的微生物技术、微生物代谢、病原微生物、生物安全、病毒学等，与细胞生物学相关的细胞应激生物学、干细胞与生殖生物学等，与发育生物学相关的分子发育生物学，与遗传学相关的遗传与进化，与免疫学相关的医学免疫学研究方向，与生物化学相关的生化工程，真菌学等；农学主要涉及与农艺学相关的亚热带农业生物、杂交水稻、水稻、棉花、家蚕基因组学、作物遗传改良、作物种植创新、作物生物学、作物逆境生物学、植物生理学、农业生物技术、农业虫害鼠害综合治理、植物资源持续利用、植物病虫害生物学、有害生物控制、农业微生物学等；临床医学主要涉及疾病治疗，如呼吸疾病、口腔疾病、肾脏疾病、心血管疾病、传染病，以及肿瘤学、眼科学、生殖医学、实验血液学等；药学主要涉及药物研发与生物治疗，如天然药物、仿生药物、新药研究等；畜牧、兽医科学主要涉及草地农业生态系统、动物营养学、兽医生物技术、家畜疫病病原生物学等；自然科学相关工程与技术主要涉及生物复合材料、医学工程材料、生物材料等；环境科学技术及资源科学技术主要涉及环境生态学；林学集中在林木遗传育种学等。

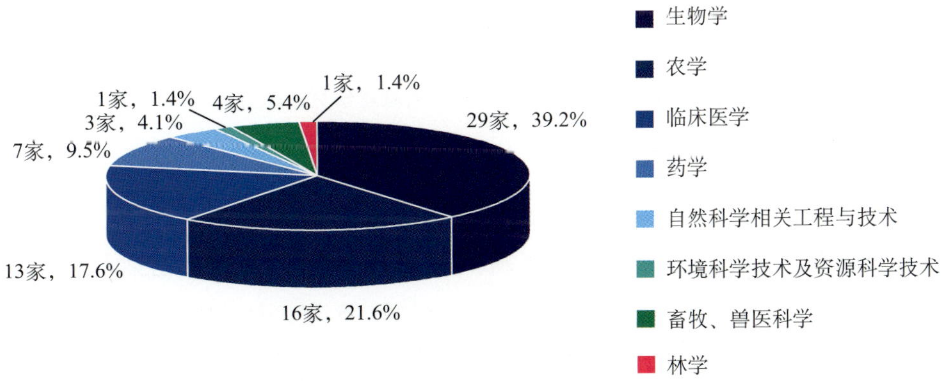

图 3-9　国家重点实验室研究领域分布

（二）省部共建国家重点实验室

省部共建国家重点实验室的主要研究领域涉及7个一级学科，依次为农学（8家，25.8%）、畜牧、兽医科学（5家，16.1%）、生物学（7家，22.6%）、临床医学（7家，22.6%）、药学（2家，6.5%）、食品科学技术（1家，3.2%）、自然科学相关工程与技术（1家，3.2%），如图3-10所示。

具体研究方向包括以下几个方面。农学涉及与农艺学相关的小麦、玉米、青稞、茶树、木本油料、作物改良与调控、作物逆境适应等；畜牧、兽医科学涉及猪遗传改良与养殖技术、绵羊遗传改良与养殖、牦牛种质资源与遗传改良、草原家畜生殖调控与繁育、高原农牧业等；生物学涉及三江源生态研究，与植物保护学相关的闽台作物有害生物生态防控，与水产学基础学科相关的淡水鱼类发育生物学、基因组学等；临床医学涉及食管癌防治、肿瘤学、分子诊断学、疫苗学、放射医学与辐射防护、器官衰竭防治、中亚高发病成因与防治等；药学涉及组分中药、药用植物功效与利用等；食品科学技术涉及食品营养与安全等；自然科学相关工程与技术涉及生物医学工程等。

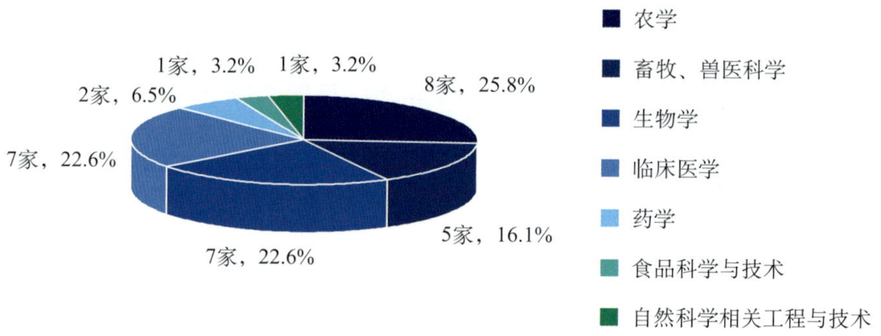

图 3-10　省部共建国家重点实验室研究领域分布

（三）企业国家重点实验室

企业国家重点实验室的主要研究领域涉及 6 个一级学科，包括药学（13 家，41.9%）、中医学与中药学（6 家，19.4%）、农学（5 家，16.1%）、自然科学相关工程与技术（4 家，12.9%）、畜牧、兽医科学（2 家，6.5%）、食品科学技术（1 家，3.2%），如图 3-11 所示。

具体研究方向包括以下几个方面。药学涉及靶向制剂、制药工艺、药物制剂新技术、制药设备及新药物、抗感染新药、抗体药物、药物先导化合物、释药技术、药代动力学、制药技术等；中医学与中药学涉及创新中药、中药制药共性技术、中药制药过程新技术、创新天然药物、创新中药关键技术等；农学涉及玉米生物育种、作物育种技术、农业基因组学、新农药创制与开发、蔬菜种质创新等；自然科学相关工程与技术涉及饲用微生物工程、种苗生物工程、啤酒生物发酵工程、乳业生物技术等；畜牧、兽医科学涉及畜禽育种、大黄鱼育种等；食品科学技术涉及肉食品安全生产技术等。

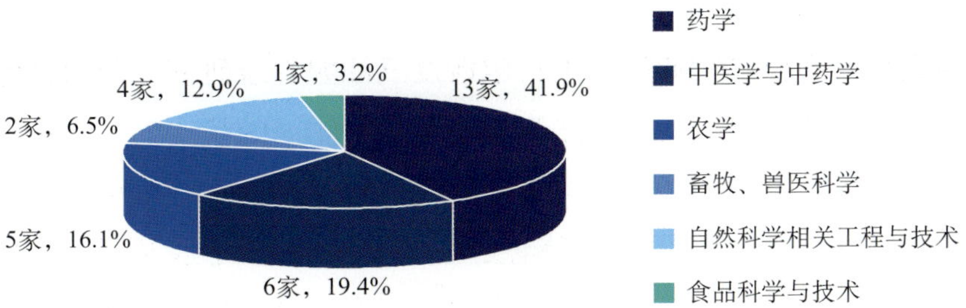

图 3-11　企业国家重点实验室研究领域分布

第二节　技术创新与成果转化类基地平台

技术创新与成果转化类基地平台定位于面向经济社会发展和创新社会治理，开展共性关键技术和工程化技术研究，以推动应用示范、成果转化及产业化，提升国家自主创新能力和科技进步水平。国家技术创新与成果转化类基地平台类型复杂，具体包括：国家工程研究中心、国家技术创新中心、国家工程技术研究中心、国家临床医学研究中心、国家国际科技合作基地、国家高新技术产业开发区、国家中药现代化科技产业基地等多种类型。其中，国家国际科技合作基地又包括国际创新园、国际联合研究中心、示范型国际科技合作基地、国际技术转移中心 4 类。

一、基本情况

截至 2020 年 8 月，生物技术相关领域技术创新与成果转化类基地平台有 531 家，占全部国家生物技术基地平台的 53.9%。其中，国家高新技术产业开发区 165 家，国家国际科技合作基地 163 家（包括国际创新园 5 家、国际联合研究中心 58 家、示范型国际科技合作基地 99 家、国际技术转移中心 1 家），国家工程技术研究中心 98 家，国家临床医学研究中心 50 家，国家工程研究中心 29 家，国家中药现代化科技产业基地 25 家，国家技术创新中心 1 家（表 3-1、图 3-12）。

表 3-1　国家技术创新与成果转化类基地平台分布

单位：家

序号	基地平台类型	数量
1	国家高新技术产业开发区	165
2	国家国际科技合作基地	163
3	国家工程技术研究中心	98
4	国家临床医学研究中心	50
5	国家工程研究中心	29
6	国家中药现代化科技产业基地	25
7	国家技术创新中心	1
合计		531

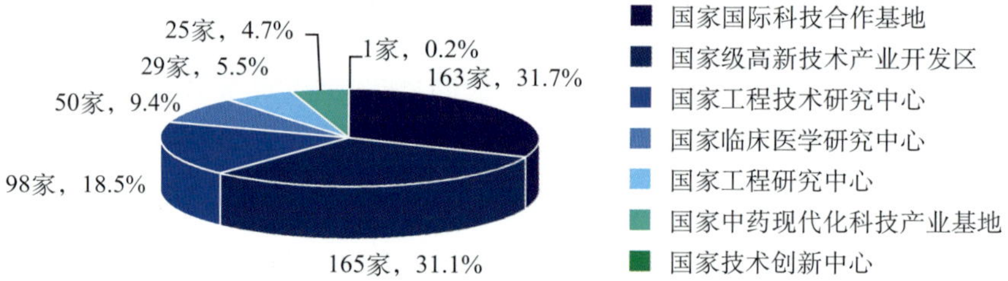

图 3-12　国家技术创新与成果转化类基地平台类型分布

二、地域分布

目前，我国有超过半数的技术创新与成果转化类基地平台分布在东部地区（290家，54.6%），其后依次为西部地区（97 家，18.3%）、中部地区（94 家，17.7%）和东北地区（50 家，9.4%），如图 3-13 所示。在东部 10 个省、自治区、直辖市中，北京（75 家，25.9%）分布数量最多，其次是江苏（41 家，14.1%）、广东（39 家，13.4%）和上海（31 家，10.7%）；在中部 6 个省中，分布数量最多的是湖北（26 家，27.7%），其后依次为湖南（24 家，25.5 %）、江西（16 家，17.0%）、河南（14 家，14.9%）、安徽（9 家，9.6%）、山西（5 家，5.3%）；在西部 11 个省、自治区、直辖市中，分布数量最多的是四川（22 家，22.7%），其次是陕西（13 家，13.4%）、重庆（10 家，10.3%）、新疆维吾尔自治区（9 家，9.3%）和云南（9 家，9.3%）；东北 3 省的具体分布为：辽宁（21 家，42.0%）、黑龙江（16 家，32.0%）和吉林（13 家，

26.0%)，如图 3-14 所示。

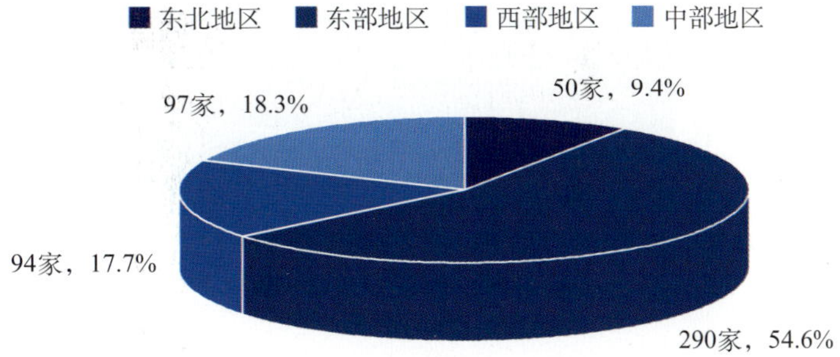

图 3-13　国家技术创新与成果转化类基地平台区域分布

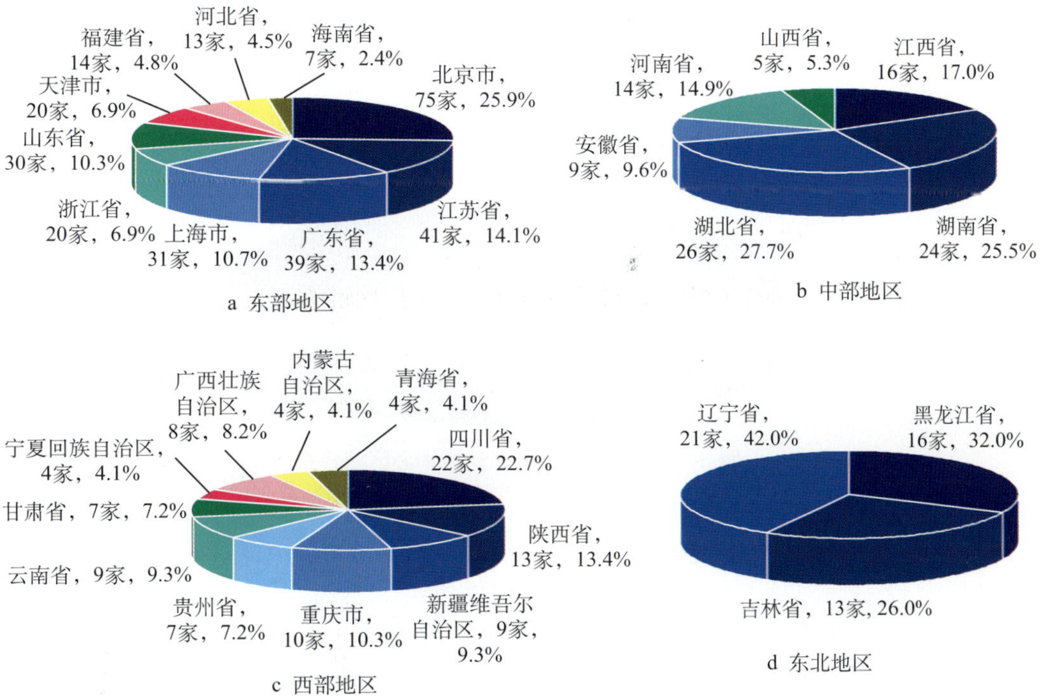

图 3-14　国家技术创新与成果转化类基地平台省市分布

（一）国家工程研究中心

国家工程研究中心共 29 家，具体分布为：东部地区（19 家，66%）、中部地区（4 家，14%）、西部地区和东北地区数量相同（各 3 家，10%），如图 3-15 所示。

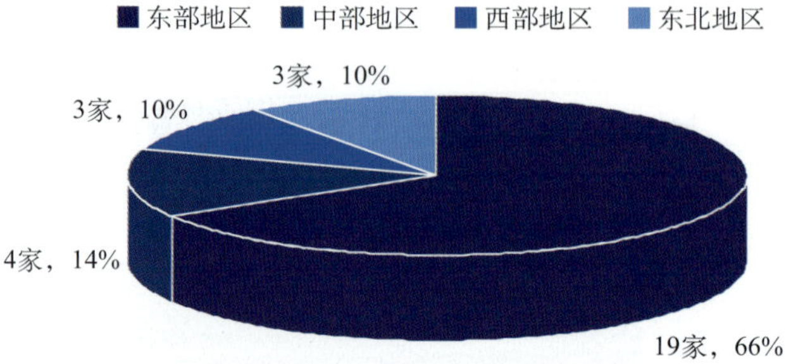

图 3-15　国家工程研究中心区域分布

（二）国家工程技术研究中心

国家工程技术研究中心共 98 家，主要分布于东部地区（61 家，62%），其后依次为西部地区（15 家，15%）、中部地区（14 家，14%）和东北地区（8 家，8%），如图 3-16 所示。

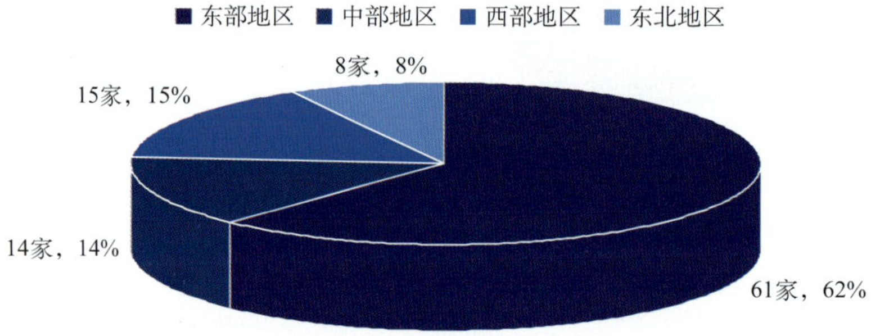

图 3-16　国家工程技术研究中心区域分布

（三）国家临床医学研究中心

国家临床医学研究中心共 50 家，仅东部地区就集中了 40 家，占总数的 80%，其后依次为西部地区（5 家，10%）、中部地区（4 家，8%）和东北地区（1 家，2%），如图 3-17 所示。

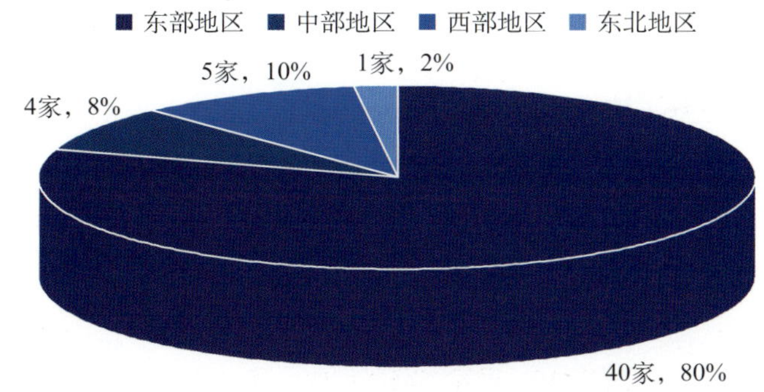

图 3–17　国家临床医学研究中心区域分布

（四）国家国际科技合作基地

国家国际科技合作基地共163家，由国际创新园（5家）、国际联合研究中心（58家）、示范型国际科技合作基地（99家）和国际技术转移中心（1家）4类构成。除中部地区外，其余3个地区数量最多的技术创新与成果转化类基地平台均为国家国际科技合作基地类型。整体分布上，东部地区（93家，57%）最多，其后依次为西部地区（29家，18%）、中部地区（24家，15%）、东北地区（17家，10%），如图3–18所示。

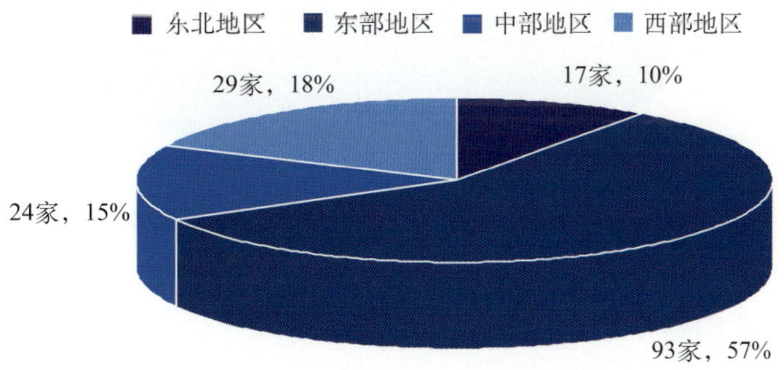

图 3–18　国家国际科技合作基地区域分布

（五）国家高新技术产业开发区

国家高新技术产业开发区共165家，主要分布在东部地区（68家，41%），其后依次为中部地区（42家，25%）、西部地区（36家，22%）和东北地区（19家，12%），如图3–19所示。

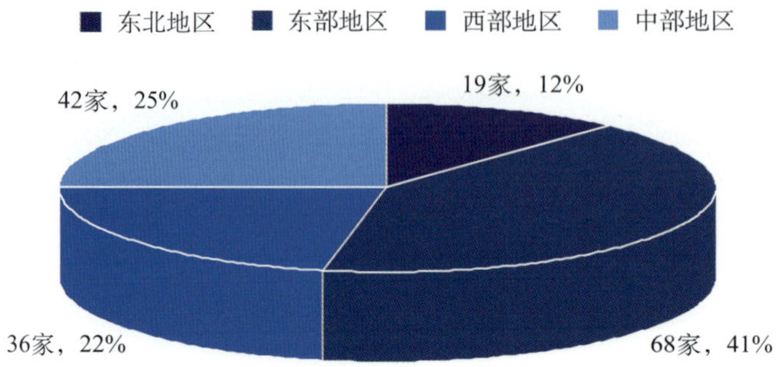

图 3-19　国家高新技术产业开发区区域分布

（六）国家中药现代化科技产业基地

国家中药现代化科技产业基地共 25 家，西部地区（9 家，36%）分布较多，其后依次为：东部地区（8 家，32%）、中部地区（6 家，24%）和东北地区（2 家，8%），如图 3-20 所示。

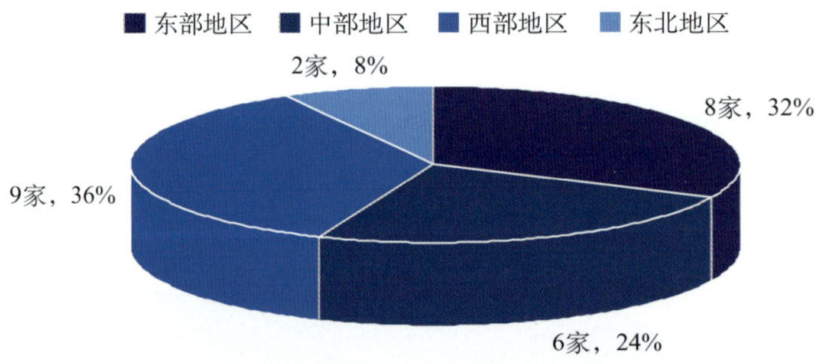

图 3-20　国家中药现代化科技产业基地区域分布

（七）国家技术创新中心

国家技术创新中心类基地平台共有 1 家，即国家合成生物技术创新中心，位于天津市，属于东部地区，其他地区暂无布局。

三、领域分布

国家技术创新与成果转化类基地平台的研究领域主要覆盖到 10 个一级学科，学科排序依次为药学（276 家，50.7%）、临床医学（93 家，17.1%）、农学（61 家，

11.2%)、中医学与中药学（35 家，6.4%）、生物学（33 家，6.1%）、自然科学相关工程与技术（26 家，4.8%）、食品科学技术（7 家，1.3%）、畜牧、兽医科学（6 家，1.1%）、环境科学技术及资源科学技术（3 家，0.6%），如图 3-21 所示。

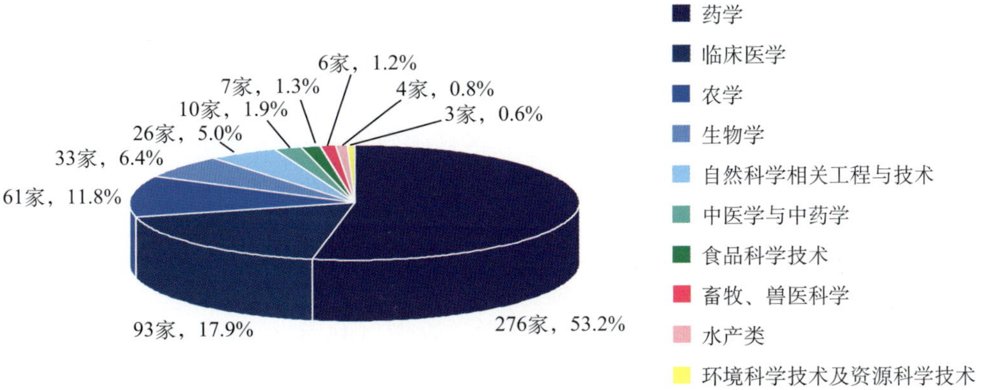

图 3-21　国家技术创新与成果转化类基地平台研究领域分布

（注：部分基地平台同时覆盖多个一级学科，因而，学科领域分类合计数量为 544 家，略高于技术创新与成果转化类基地平台实际数量）

（一）国家国际科技合作基地

国家国际科技合作基地共 163 家，涉及 7 个一级学科，具体如下：临床医学（58 家，35.6%）、药学（50 家，30.7%）、生物学（27 家，16.6%）、农学（18 家，11.0%）、自然科学相关工程与技术（4 家，2.5%）、畜牧、兽医科学（3 家，1.8%）和环境科学技术及资源科学技术（3 家，1.8%）。如图 3-22 所示。

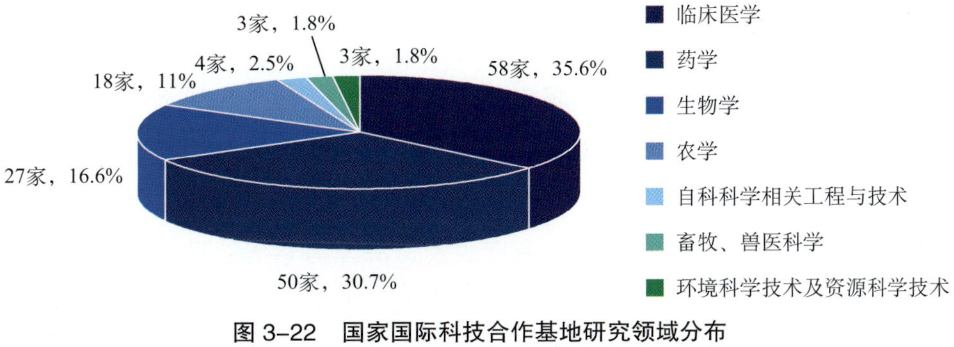

图 3-22　国家国际科技合作基地研究领域分布

具体研究方向包括：药学涉及药物化学、生物药物学、药剂学、制药工艺、制药技术、天然药物化学等；临床医学涉及口腔医学、肝胆肠病诊疗、心血管疾病、糖尿病、脊髓损伤、肿瘤、遗传病、热带病、高原病、儿童发育及重大疾病、出生缺陷、老年医学、慢性病等；农学涉及药用植物、小麦、油料作物植物保护等品种繁多的农作物育种、农业生态等；生物学涉及生命科学和分子生物学、干细胞、微生物学、病毒学、蛋白质组学、基因工程等；自然科学相关工程与技术涉及发酵工程、代谢工程、酶工程等；环境科学技术及资源科学技术涉及水资源利用、生态系统管理、有害生物控制等。

（二）国家工程技术研究中心

国家工程技术研究中心共98家，其中，农学（44家，44.9%）、药学（14家，14.3%）、自然科学相关工程与技术（11家，11.2%）、中医学与中药学（10家，10.2%）、食品科学技术（7家，7.1%）、畜牧、兽医科学（6家，6.1%）、水产类（4家，4.1%）、临床医学（2家，2.0%），如图3-23所示。

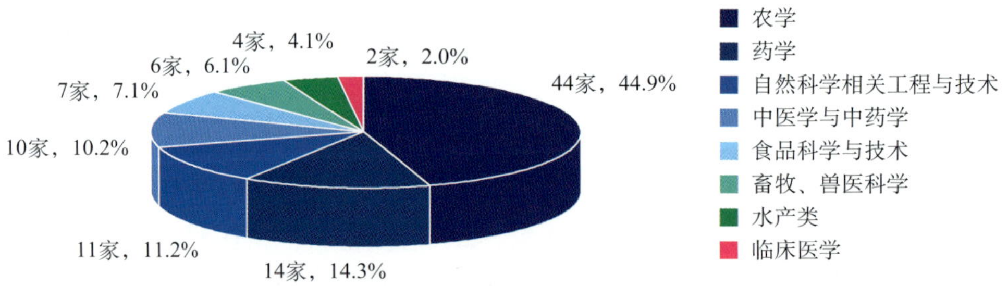

图3-23　国家工程技术研究中心研究领域分布

具体研究方向包括：农学涉及蔬菜、大豆、小麦、粳稻、杂粮、马铃薯、花生、食用菌、玉米、油菜、甘蔗、脐橙、苹果、枸杞、花卉，还涉及经济林木、茶叶、油茶、植物航天育种、非粮生物质能源、植物功能成分利用、有机类肥料、兽用生物制品等；畜牧、兽医科学涉及与牧业相关的奶牛、生猪、家畜、家禽、桑蚕、乳业等；水产类涉及淡水渔业、海产贝类、海藻海参等；药学涉及纳米药物、靶向药物、应急防控药物、抗艾滋病病毒药物、海洋药物、化学原料药、药用辅料、疫苗、兽用药品等；中医学与中药学涉及中药制剂、苗药、胶类中药、天然药物、中成药、手性制药等；自然科学相关工程与技术涉及医学工程、生物技术、人体组织功能重建和干细胞工程、生物防护装备、医用诊断仪器、医疗保健器具、医学影像设备等；临床医学涉及眼科诊断、心脏病诊疗等；食品科学技术涉及海洋食品、功能食品、母婴乳品、酿酒和糖类工程等。

（三）国家工程研究中心

国家工程研究中心共 29 家，涵盖了 4 个一级学科领域，具体为：药学（13 家，44.8%）、自然科学相关工程与技术（7 家，24.1%）、农学（5 家，17.2%）、生物学（4 家，13.8%）。如图 3-24 所示。

具体研究方向包括：药学涉及药物研制，如基因药物、微生物药物、抗体药物、药物制剂；农学涉及农药、饲料及农业育种；生物学涉及生物芯片和病毒学、海洋生物学；自然科学相关工程与技术涉及发酵技术、干细胞工程、组织工程等。

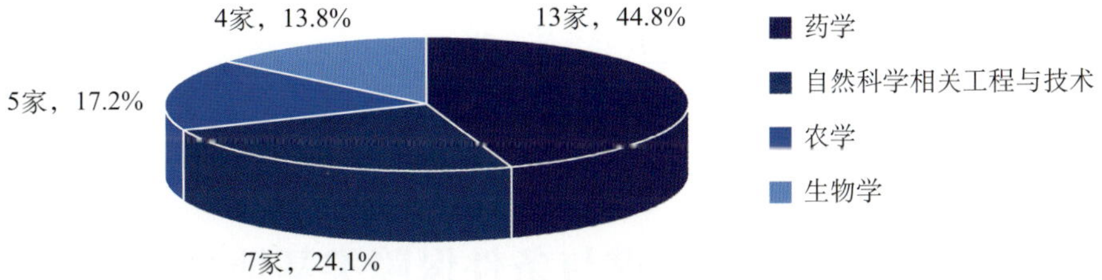

图 3-24　国家工程研究中心研究领域分布

（四）国家临床医学研究中心

国家临床医学研究中心共 50 家，涉及 20 个具体研究领域，如表 3-2 所示。

表 3-2　国家临床医学研究中心主要研究领域分布

单位：家

序号	研究领域	数量
1	老年疾病	6
2	口腔疾病	4
3	妇产疾病	3
4	感染性疾病	3
5	呼吸系统疾病	3
6	精神心理疾病	3

续表

序号	研究领域	数量
7	慢性肾病	3
8	消化系统疾病	3
9	血液系统疾病	3
10	眼耳鼻喉疾病	3
11	代谢性疾病	2
12	恶性肿瘤	2
13	儿童健康与疾病	2
14	皮肤与免疫疾病	2
15	心血管疾病	2
16	中医	2
17	放射与治疗	1
18	骨科与运动康复	1
19	神经系统疾病	1
20	医学检验	1

第三节　基础支撑与条件保障类基地平台

一、基本情况

基础支撑与条件保障类国家科技创新基地定位于为发现自然规律、获取长期野外定位观测研究数据、实验数据和样本等科学研究工作，提供公益性、共享性、开放性基础支撑和科技资源共享服务。本节主要对生物技术领域国家生物种质资源库、国家人类遗传资源库、国家大型科学仪器中心、国家重大科技基础设施、国家科学数据中心的基本情况进行梳理与介绍。

截至 2020 年 8 月，生物技术相关领域基础支撑与条件保障类基地平台共计 319 家，占全部国家生物技术基地平台的 32.4%。其中，国家生物种质资源库 179 家（包括动物资源库 35 家、植物资源库 110 家及微生物资源库 34 家），占比 56.1%；国家人类遗传资源库 105 家，占比 33.0%；国家大型科学仪器中心 11 家，占比 3.4%；国家重大科技基础设施 13 家，占比 4.1%；国家科学数据中心 11 家，占比 3.4%。具体结构分布如图 3-25 所示。

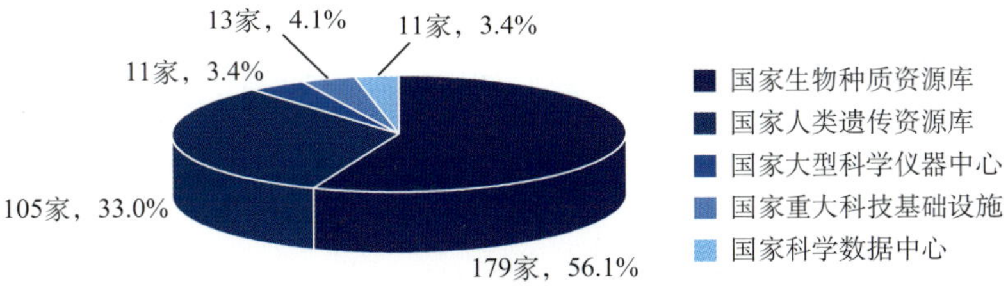

图 3-25　国家基础支撑与条件保障类基地平台类型分布

二、地域分布

除国家生物种质资源库外，国家人类遗传资源库、国家大型科学仪器中心、国家重大科技基础设施及国家科学数据中心主要分布在东部地区（103 家，73.6%），其后依次为西部地区（19 家，13.6%）、中部地区（12 家，8.6%）和东北地区（6 家，4.3%），如图 3-26 所示。

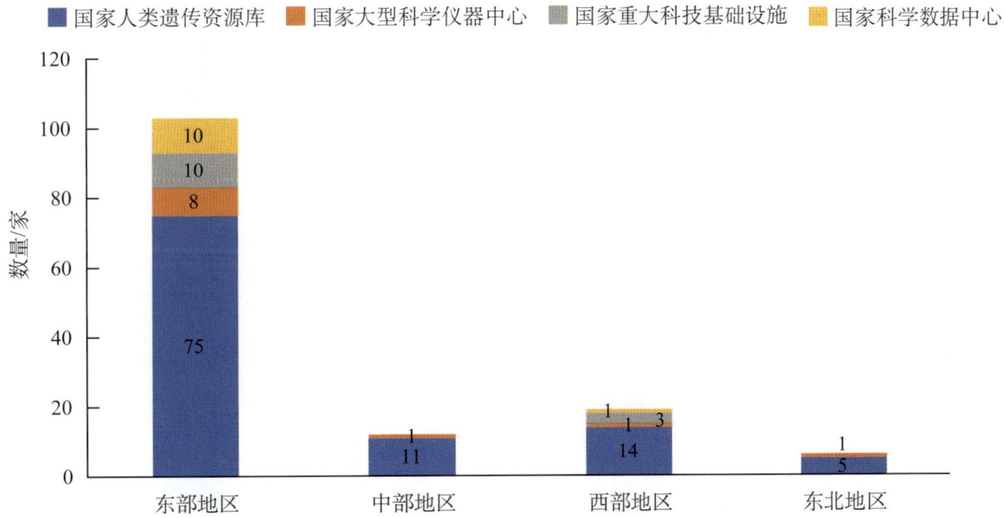

图 3-26　国家基础支撑与条件保障类基地平台各区域类型分布

在东部 10 个省、自治区、直辖市中，有 8 个布局了基础支撑与条件保障类基地平台，共计 103 家，其中北京（47 家，45.6%）分布数量最多，然后依次为上海（19 家，18.4%）、广东（14 家，13.6%）；在西部 12 个省、自治区、直辖市中，有 10 个布局了基础支撑与条件保障类基地平台，共计 19 家，其中四川（5 家，26.3%）分布数量最多，其次为云南（3 家，15.8%）；中部 6 个省均有布局，共计 12 家，其中以湖北、湖南、河南分布数量最多（均为 3 家，各占 25.0%）；东北三省共计 6 家，按照辽宁（3 家，50.0%）、吉林（2 家，33.3%）、黑龙江（1 家，16.7%）梯次布局，如图 3-27 所示。

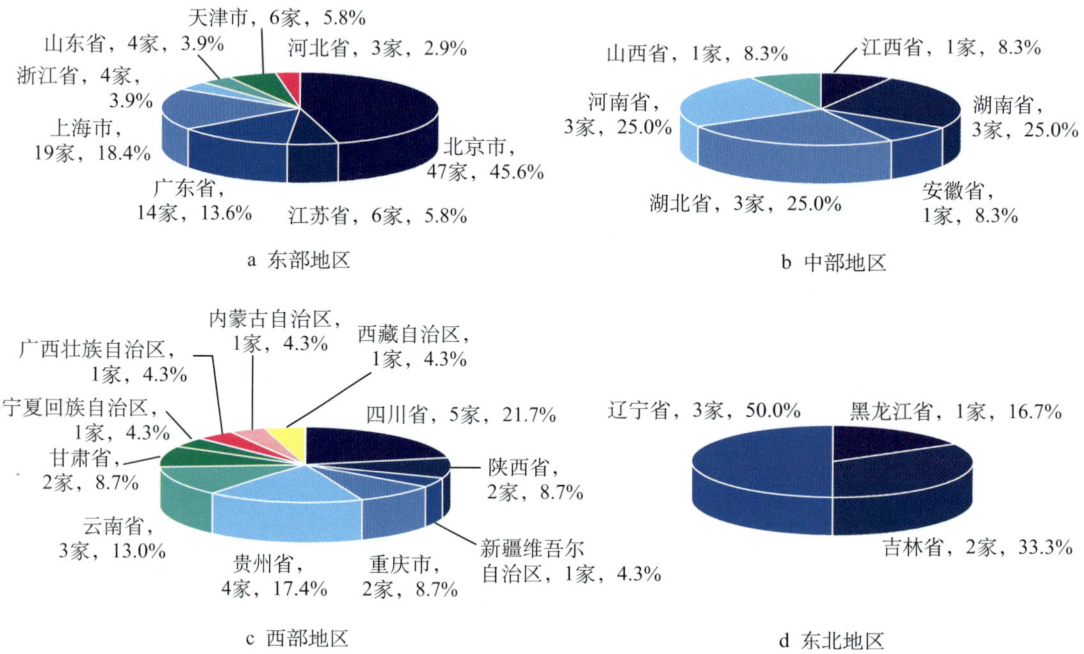

图 3-27　国家基础支撑与条件保障类基地平台区域分布

（一）国家人类遗传资源库

国家人类遗传资源库共有 105 家，主要分布于东部地区（75 家），然后依次为西部地区（14 家）、中部地区（11 家）、东北地区（5 家）。东部 10 个省、自治区、直辖市中有 8 个布局了国家人类遗传资源库，其中以北京（27 家）分布数量为最，其次为上海（14 家）、广东（13 家）；中部 6 个省均布局了国家人类遗传资源库，其中河南（3 家）、湖南（3 家）、湖北（2 家）分布数量最多；西部 12 个省、自治区、直辖市中有 10 个布局了国家人类遗传资源库，其中四川（3 家）、云南（2 家）、重庆（2 家）分布数量最多；东北 3 省的辽宁（3 家）、黑龙江（1 家）、吉林（1 家）均布局了国家人类遗传资源库。具体区域分布结构如图 3-28 所示。

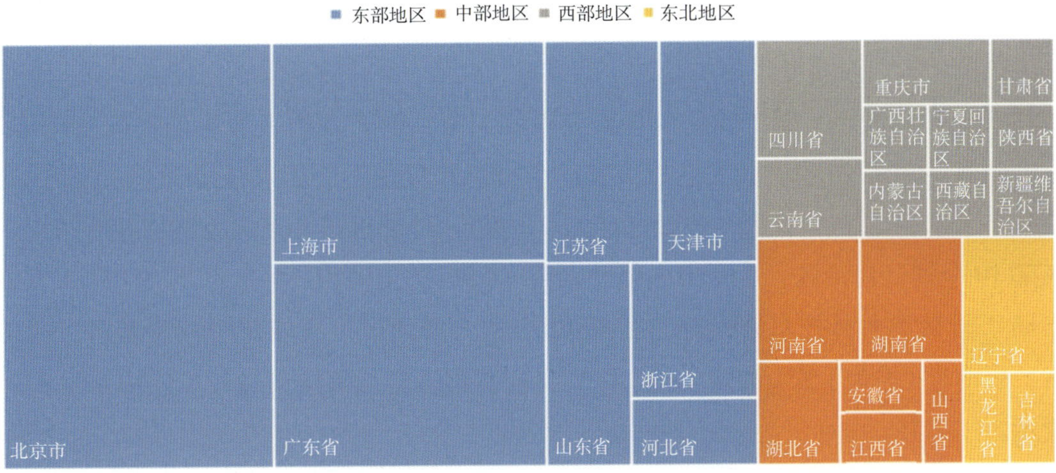

图 3-28 国家人类遗传资源库区域分布

（二）国家大型科学仪器中心

国家大型科学仪器中心类基地平台共有 11 家，主要分布于东部地区（8 家），西部地区、中部地区和东北地区各有 1 家。东部 10 个省、自治区、直辖市仅北京（6 家）、上海（1 家）和广东（1 家）三地进行了布局；西部地区、中部地区、东北地区分别仅有四川、湖北和吉林各布局了 1 家国家大型科学仪器中心。具体区域分布结构如图 3-29 所示。

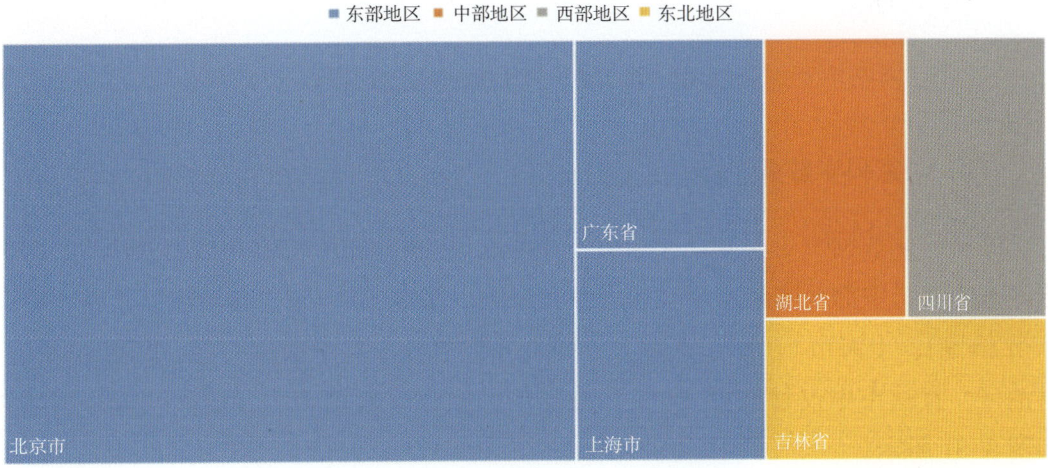

图 3-29 国家大型科学仪器中心区域分布

（三）国家重大科技基础设施

国家重大科技基础设施类基地平台共有 13 家（蛋白质科学研究设施 2 家、农业生物安全研究设施 1 家、转化医学研究设施 5 家、模式动物表型与遗传研究设施 2 家、硬 X 射线自由电子激光装置 2 家、多模态跨尺度生物医学成像设施 1 家），主要分布于东部地区（10 家）和西部地区（3 家），中部地区和东北地区均没有布局。东部 10 个省、自治区、直辖市中仅北京市（6 家）、上海市（3 家）、河北省（1 家）布局了国家重大科技基础设施；西部 12 个省、自治区、直辖市中仅陕西省、四川省、云南省（均为 1 家）布局了国家重大科技基础设施。具体区域分布结构如图 3-30 所示。

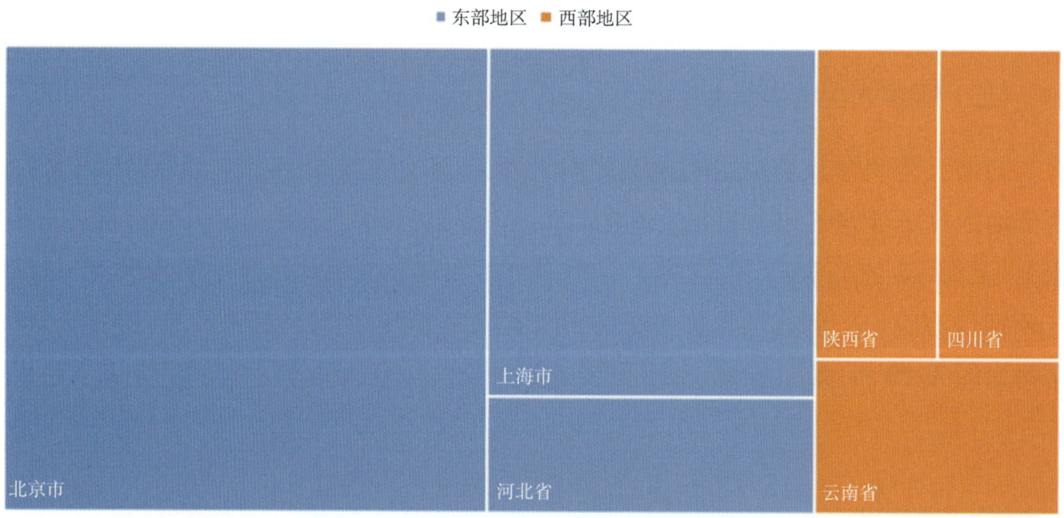

图 3-30　国家重大科技基础设施区域分布

（四）国家科学数据中心

国家科学数据中心类基地平台共有 11 家，主要分布于东部地区（10 家），西部地区有 1 家，中部地区和东北地区均没有布局。东部 10 个省、自治区、直辖市中北京市（8 家）、上海市（1 家）、天津市（1 家）布局了国家科学数据中心；西部 12 个省、自治区、直辖市中仅甘肃省（1 家）布局了国家科学数据中心。具体区域分布结构如图 3-31 所示。

图 3-31　国家科学数据中心区域分布

三、领域分布

国家基础支撑与条件保障类基地平台研究领域涉及生物学（294 家，92.2%）、临床医学（13 家，4.1%）、化学（5 家，1.6%）、环境科学技术及资源科学技术（4 家，1.3%）、农学（1 家，0.3%）、林学（1 家，0.3%）、预防医学与公共卫生学（1 家，0.3%），如图 3-32 所示。

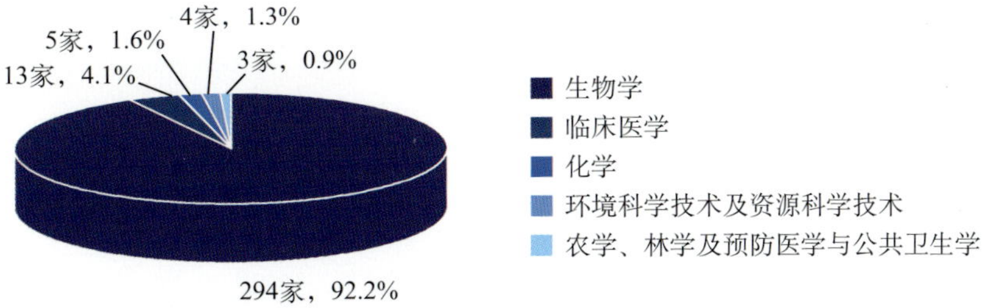

图 3-32　国家基础支撑与条件保障类基地平台研究领域分布

从各学科领域的基地平台类型结构来看，生物学涉及所有基础支撑与条件保障类基地平台，包括国家人类遗传资源库（105 家，32.9%）、国家生物种质资源库（179 家，56.1%）、国家重大科技基础设施（5 家，1.6%）、国家大型科学仪器中心（1 家，0.3%）、国家科学数据中心（4 家，1.3%）；临床医学涉及国家大型科学仪器中心（5 家，

1.6%)、国家重大科技基础设施（8 家，2.5%）；化学仅涉及国家大型科学仪器中心（5 家，1.6%）；环境科学技术及资源科学技术的基地平台（4 家，1.3%），均为国家科学数据中心；农学、林学和预防医学与公共卫生学各 1 家，均仅涉及国家科学数据中心类基地平台。具体分布结构如图 3-33 所示。

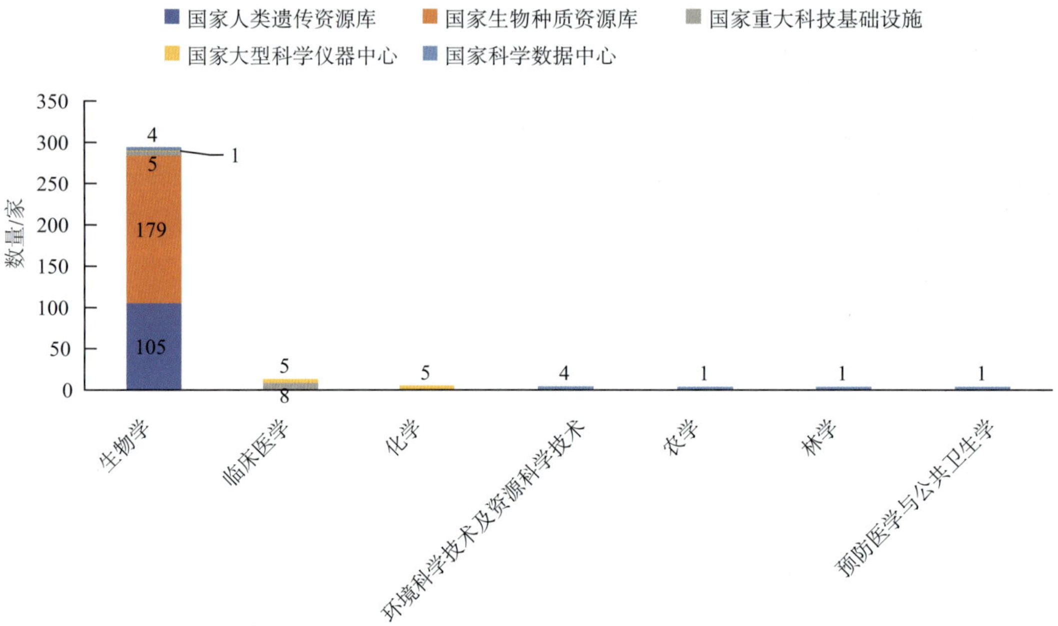

图 3-33　国家基础支撑与条件保障类基地平台分类别研究领域分布

第四章　地方生物技术基地平台建设情况

第一节　基本情况

本章根据调研问卷系统收集的反馈数据，总结我国地方生物技术基地平台建设的基本情况，通过数据统计概览地方生物技术基地平台的整体布局，并对地方生物技术基地平台的研究领域与学科覆盖情况等进行计量分析与宏观描述。

一、类型分布

截至 2020 年 8 月 10 日，根据中国生物技术发展中心的调查问卷统计结果，共收集到 1895 家地方生物技术基地平台建设情况的有效数据反馈。《“十三五”国家科技创新基地与条件保障能力建设专项规划》将我国基地平台划分为三大类型，包括：科学与工程研究类、技术创新与成果转化类、基础支撑与条件保障类。根据问卷反馈的基地平台类型标注信息，这三大类型基地平台的数量分布如表 4–1 所示。

表 4–1　地方生物技术基地平台的三大类型

单位：家

生物技术基地平台类型	地方基地平台总数	占比
科学与工程研究类	842	44.43%
技术创新与成果转化类	1011	53.35%
基础支撑与条件保障类	42	2.22%
合计	1895	100.00%

注：统计数据来源于中国生物技术发展中心在 2020 年 7 月 16 日至 8 月 10 日发放的问卷调查系统。

从表 4–1 中可以看出，我国地方生物技术基地平台建设具有明显的规模效应，科学与工程研究类、技术创新与成果转化类、基础支撑与条件保障类三类基地平台均有布局。其中，技术创新与成果转化类基地平台数量最多，达到 1011 家，占比

53.35%，体现出各地对生物技术创新与成果转化的高度重视。其次为科学与工程研究类基地平台，数量为 842 家，占比 44.43%，反映出地方对生物技术科技创新的投入水平。基础支撑与条件保障类基地平台共有 42 家，布局相对较少。

二、地域分布

按照国家统计局 2011 年的经济区域划分标准，将我国省市区域划分为东部地区、中部地区、西部地区和东北地区四大部分。其中，东部地区包含 10 个省、自治区、直辖市，分别为北京、天津、河北、上海、江苏、浙江、福建、山东、广东和海南；中部地区有 6 个省，分别为山西、安徽、江西、河南、湖北和湖南；西部地区有 12 个省、自治区、直辖市，分别为内蒙古、广西、重庆、四川、贵州、云南、西藏、陕西、甘肃、青海、宁夏和新疆；东北地区有 3 个省，分别为辽宁、吉林和黑龙江。

从图 4-1 可以看出，我国地方生物技术基地平台已经实现了区域全覆盖，各区域内的所有省、自治区、直辖市均拥有一定数量的生物技术基地平台，东部地区、中部地区、西部地区和东北地区四大区域初步形成了种类齐全、功能完善的地方生物技术基地平台建设方阵，并在地域分布数量上呈现出由东向西逐级递减的总体趋势。

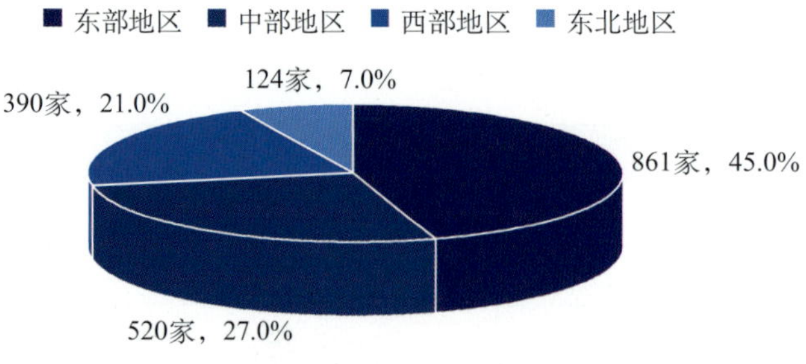

图 4-1　我国地方生物技术基地平台地域分布

（注：统计数据来源于中国生物技术发展中心在 2020 年 7 月 16 日至 8 月 10 日发放的问卷调查系统）

三、领域分布

根据中华人民共和国国家质量监督检验检疫总局和国家标准化管理委员会发布

的《学科分类与代码》（GB/T 13745—2008）中与生物技术领域相关的学科分类，对国家生物技术基地平台进行领域分析。根据分类，生物技术领域主要涉及 23 个一级学科，分别为：生物学、临床医学、基础医学、农学、药学、林学、水产学、中医学与中药学、预防医学与公共卫生学、军事医学与特种医学、自然科学相关工程与技术、物理学、能源科学技术、化学、地球科学、畜牧、兽医科学、食品科学技术、心理学、材料科学、环境科学技术及资源科学技术、化学工程、动力与电气工程、计算机科学技术。

按照调研问卷系统收集的反馈数据，我国 1895 家地方生物技术基地平台的研究领域覆盖全面，涵盖了全部 23 个一级学科，包括临床医学（518 家，26.87%）、生物学（323 家，16.75%）、药学（243 家，12.60%）、中医学与中药学（196 家，10.17%）、农学（135 家，7.00%）、自然科学相关工程与技术（103 家，5.34%）、基础医学（90 家，4.67%）、食品科学技术（77 家，3.99%）、畜牧、兽医科学（67 家，3.48%）、预防医学与公共卫生学（38 家，1.97%）、化学（29 家，1.50%）、水产学（25 家，1.30%）、林学（24 家，1.24%）、材料科学（14 家，0.73%）、化学工程（13 家，0.67%）、环境科学技术及资源科学技术（11 家，0.57%）、地球科学（7 家，0.36%）、物理学（5 家，0.26%）、军事医学与特种医学（4 家，0.21%）、动力与电气工程（2 家，0.10%）、能源科学技术（2 家，0.10%）、计算机科学技术（1 家，0.05%）、心理学（1 家，0.05%）。如图 4-2、表 4-2 所示。

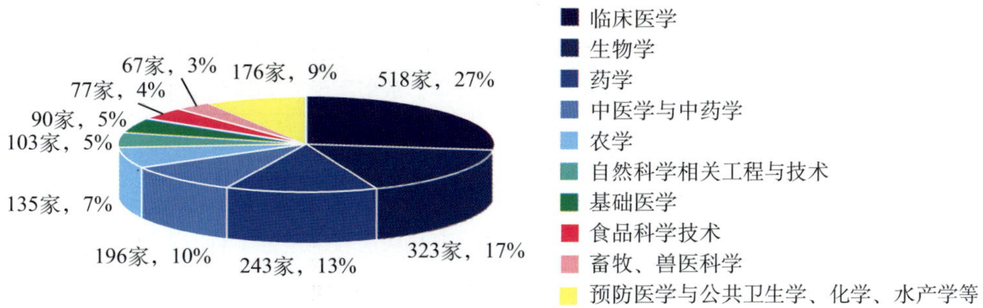

图 4-2 地方生物技术基地平台主要学科领域布局

（注：统计数据来源于中国生物技术发展中心在 2020 年 7 月 16 日至 8 月 10 日发放的问卷调查系统）

表 4–2　地方生物技术基地平台的学科领域布局

单位：家

序号	一级学科	地方生物技术基地平台数	占比	涵盖二级学科
1	临床医学	518	26.87%	临床诊断学、保健医学、理疗学、内科学、外科学、儿科学、妇产科学、眼科学、口腔医学、皮肤病学、性医学、神经病学、精神病学、重症医学、急诊医学、核医学、全科医学、肿瘤学、护理学、耳鼻咽喉科学、临床医学其他学科等
2	生物学	323	16.75%	生理学、生态学、生物化学、生物力学、生物数学、细胞生物学、免疫学、发育生物学、遗传学、放射生物学、分子生物学、神经生物学、植物学、昆虫学、动物学、病毒学、专题生物学研究、生物物理学、微生物学等
3	药学	243	12.60%	药剂学、药物化学、药效学、药学其他学科、微生物药物学、生物药物学、医药工程、药物管理学、药物统计学等
4	中医学与中药学	196	10.17%	中医学、民族医学、中西医结合医学、中药学等
5	农学	135	7.00%	农业基础学科、植物保护学、土壤学、园艺学、农艺学等
6	自然科学相关工程与技术	103	5.34%	生物工程、生物医学工程学
7	基础医学	90	4.67%	医学生物化学、人体解剖学、医学细胞生物学、医学遗传学、放射医学、人体免疫学、病理学、药理学
8	食品科学技术	77	3.99%	食品科学技术基础学科
9	畜牧、兽医科学	67	3.48%	畜牧兽医科学基础学科、畜牧学、兽医学
10	预防医学与公共卫生学	38	1.97%	营养学、流行病学、环境医学、地方病学、热带医学、卫生检验学、优生学、放射卫生学、食品卫生学、毒理学、健康促进与健康教育学
11	化学	29	1.50%	有机化学、化学生物学
12	水产学	25	1.30%	水产学基础学科（水产遗传育种学）
13	林学	24	1.24%	林木遗传育种学、森林保护学

续表

序号	一级学科	地方生物技术基地平台数	占比	涵盖二级学科
14	材料科学	14	0.73%	复合材料、生物材料
15	化学工程	13	0.67%	化学反应工程、制药工程、生物化学工程
16	环境科学技术及资源科学技术	11	0.57%	环境生态学、环境医学、环境生物学
17	地球科学	7	0.36%	地球化学、地质学、海洋科学
18	物理学	5	0.26%	声学
19	军事医学与特种医学	4	0.21%	特种医学
20	动力与电气工程	2	0.10%	电气工程（生物与医学电工技术）
21	能源科学技术	2	0.10%	一次能源、生物能
22	计算机科学技术	1	0.05%	计算机智能
23	心理学	1	0.05%	生理心理学
合计		1928	100.00%	

注：统计数据来源于中国生物技术发展中心在2020年7月16日至8月10日发放的问卷调查系统；因部分地方生物技术基地平台分属于两个或两个以上一级学科，按照学科合计基地平台总数略高于实际的1895家基地平台总数。

从表4-2可以看出，我国地方生物技术基地平台在领域分布中显示出较强的集中与离散兼具的特点。一方面，学科领域最为集中的5个学科，包括临床医学（518家,26.87%）、生物学(323家,16.75%)、药学(243家,12.60%)、中医学与中药学(196家，10.17%)、农学（135家，7.00%），共覆盖到1415家地方生物技术基地平台，累计占比达到73.39%，表明我国地方生物技术基地平台聚焦的主要领域较为集中。细化到二级学科，则能够体现出较强的地方特色与领域布局差异，如临海和长江、黄河流域省市的生物技术基地平台布局中会有一定数量的海洋生物、淡水鱼类养殖等相关研究方向的基地平台，而内陆省市的生物技术基地平台则布局了柑橘种植、动物养殖、饲料生产等涉及农学、林学及畜牧、兽医科学等相关学科研究方向。

另一方面，部分领域地方生物技术基地平台分布数量呈现出相对离散的趋势。

离散分布涉及的一级学科有10个，包括材料科学（14家，0.73%）、化学工程（13家，0.67%）、环境科学技术及资源科学技术（11家，0.57%）、地球科学（7家，0.36%）、物理学（5家，0.26%）、军事医学与特种医学（4家，0.21%）、动力与电气工程（2家，0.10%）、能源科学技术（2家，0.10%）、计算机科学技术（1家，0.05%）、心理学（1家，0.05%），共涉及60家地方生物技术基地平台，累计百分比仅为3.11%。

四、依托单位的高被引发文量

为调查我国地方生物技术基地平台依托单位的科研创新力与影响力，通过检索Web of Science（简称WoS）国际引文数据库的ESI数据库，梳理出近两年（2018—2019年）我国生物技术领域高被引（被引排名前1%）论文数量前20名的高校和科研机构，并将其机构名称与中国生物技术发展中心调查问卷反馈数据中的地方生物技术基地平台依托单位名称进行匹配和对照，得到我国地方生物技术基地平台依托单位的高被引发文量及其与地方基地平台数量之间的对应关系，从一定程度上反映出地方生物技术基地平台的建设成效，如表4-3所示。

表4-3　地方生物技术基地平台依托单位2018—2019年度高被引发文量及其基地平台数量比较

依托单位名称	高被引发文量/篇	依托地方参与调研的基地平台数量/家
中国科学院	197	29
上海交通大学	85	21
复旦大学	80	4
中山大学	79	54
北京大学	73	2
浙江大学	64	59
华中农业大学	43	18
中南大学	40	22
中国医学科学院	38	8
清华大学	38	2
四川大学	35	26
华中科技大学	35	16
中国农业大学	35	6

续表

依托单位名称	高被引发文量 / 篇	依托地方参与调研的基地平台数量 / 家
南京医科大学	35	10
郑州大学	29	14
中国农业科学院	27	7
首都医科大学	27	48
武汉大学	24	15

基地平台先进的科研基础设施、富有活力的科研团队、坚实的研究基础，形成了强大的创新辐射效应和人才集聚效应，为我国生物技术研究的理论突破与实践创新提供了强有力的平台支撑。

第二节　运行发展情况

本节根据调研问卷系统收集的反馈数据，分别研究我国地方生物技术领域的科学与工程研究类基地平台、技术创新与成果转化类基地平台、基础支撑与条件保障类基地平台的运行发展情况，主要包括这三大类基地平台的地域分布、时间分布、类型分布及投入产出与发展特点等。

一、科学与工程研究类基地平台

科学与工程研究类基地平台定位于瞄准国际前沿，聚焦地方生物技术发展的战略目标，围绕重大科学前沿、重大科技任务和大科学工程，开展战略性、前沿性、前瞻性、基础性、综合性科技创新活动。主要包括地方政府重点支持和建设的生物技术重点实验室。

（一）地域分布

目前，共收集了 842 家地方科学与工程研究类生物技术基地平台建设情况的有效反馈数据，各个区域的数量分布与占比情况如图 4-3 所示。

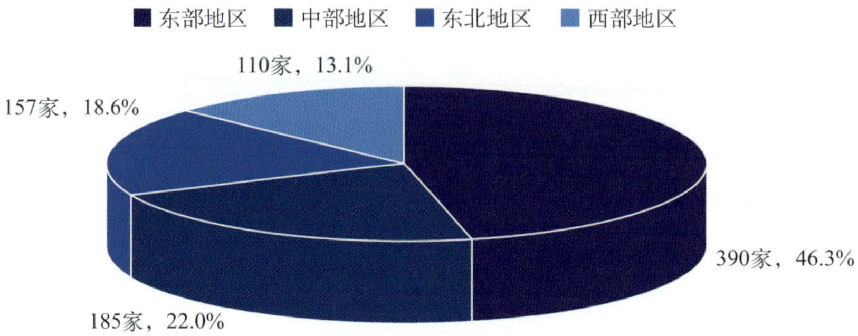

图 4-3　地方科学与工程研究类生物技术基地平台地域分布

（注：统计数据来源于中国生物技术发展中心在 2020 年 7 月 16 日至 8 月 10 日发放的问卷调查系统）

图 4-3 反映了我国地方科学与工程研究类生物技术基地平台的地域分布情况，东部地区基地平台数量为 390 家，占比为 46.3%；中部地区为 157 家，占比为 18.6%；西部地区为 185 家，占比为 22.0%；东北地区为 110 家，占比为 13.1%。

（二）领域分布

从 842 家地方科学与工程研究类生物技术基地平台建设情况的反馈数据统计分析来看，涉及的主要学科领域覆盖了 21 个一级学科。具体包括：临床医学（220 家，26.0%）、生物学（157 家，18.6%）、中医学与中药学（94 家，11.1%）、药学（73 家，8.6%）、基础医学（68 家，8.0%）、农学（57 家，6.7%）、畜牧、兽医科学（34 家，4.0%）、自然科学相关工程与技术（28 家，3.3%）、预防医学与公共卫生学（27 家，3.2%）、食品科学技术（21 家，2.5%）、化学（15 家，1.8%）、水产学（13 家，1.5%）、林学（11 家，1.3%）、环境科学技术及资源科学技术（7 家，0.8%）、地球科学（6 家，0.7%）、材料科学（4 家，0.5%）、化学工程（3 家，0.4%）、物理学（3 家，0.4%）、军事医学与特种医学（3 家，0.4%）、动力与电气工程（1 家，0.1%）、计算机科学技术（1 家，0.1%）。各学科领域的基地平台数量如图 4-4、表 4-4 所示。

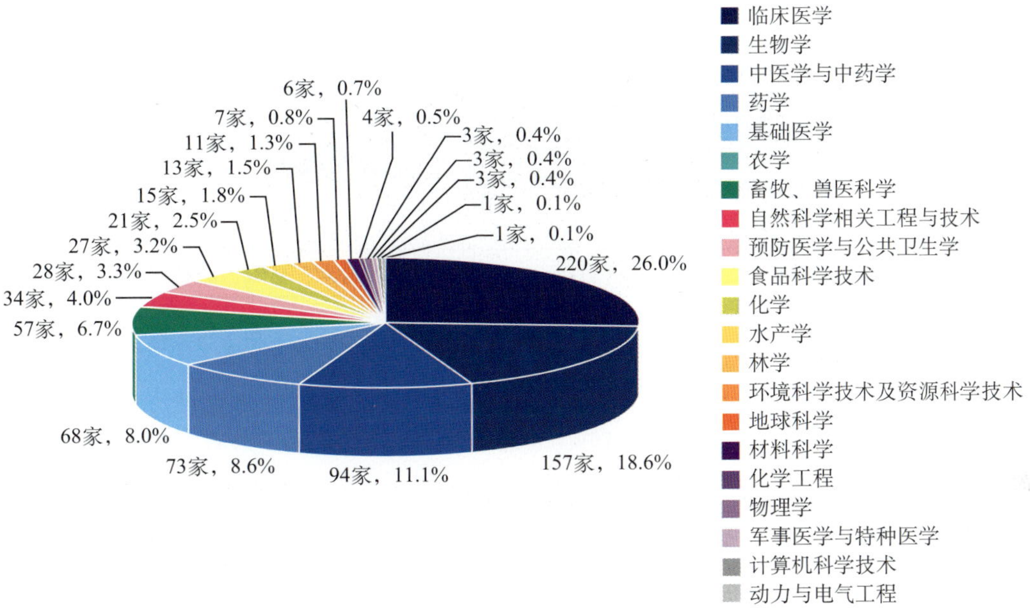

图 4–4　地方科学与工程研究类生物技术基地平台主要学科领域布局

（注：统计数据来源于中国生物技术发展中心在 2020 年 7 月 16 日至 8 月 10 日发放的问卷调查系统）

表 4–4　地方科学与工程研究类生物技术基地平台的学科领域布局

单位：家

序号	一级学科	地方科学与工程研究类基地平台数	占比	涵盖二级学科
1	临床医学	220	26.00%	保健医学、神经病学、肿瘤学、眼科学、内科学、外科学、影像医学与核医学、重症医学、妇产科学、耳鼻咽喉科学、临床诊断学、皮肤病学、儿科学、口腔医学、精神病学、麻醉学、运动医学、急诊医学、保健医学、临床医学其他学科
2	生物学	157	18.56%	免疫学、微生物学、分子生物学、细胞生物学、动物学、免疫学、生理学、植物学、遗传学、生态学、发育生物学、生物化学、生物物理学、神经生物学、放射生物学、病毒学、生物学其他学科
3	中医学与中药学	94	11.11%	中药学、中西医结合医学、民族医学
4	药学	73	8.63%	药剂学、药效学、微生物药物学、药学其他学科、药物化学、生物药物学
5	基础医学	68	8.04%	药理学、人体免疫学、病理学、医学遗传学、人体组织胚胎学、放射医学、人体生理学、医学细胞生物学

续表

序号	一级学科	地方科学与工程研究类基地平台数	占比	涵盖二级学科
6	农学	57	6.74%	园艺学、农业基础学科、土壤学、作物遗传育种、植物保护学
7	畜牧、兽医科学	34	4.02%	畜牧学、兽医学、畜牧兽医科学基础学科
8	自然科学相关工程与技术	28	3.31%	生物工程、生物医学工程学
9	预防医学与公共卫生学	27	3.19%	卫生检验学、流行病学、放射卫生学、公共卫生学、食品卫生学、毒理学、地方病学、健康促进与健康教育学
10	食品科学技术	21	2.48%	食品科学技术基础学科
11	化学	15	1.77%	化学生物学、分析化学、有机化学
12	水产学	13	1.54%	水产学基础学科（水产遗传育种学）
13	林学	11	1.30%	森林保护学、林木遗传育种学
14	环境科学技术及资源科学技术	7	0.83%	环境科学技术基础学科
15	地球科学	6	0.71%	海洋科学、地理学
16	材料科学	4	0.47%	复合材料、生物材料
17	化学工程	3	0.35%	生物化学工程
18	物理学	3	0.35%	医学物理
19	军事医学与特种医学	3	0.35%	军事医学、特种医学
20	计算机科学技术	1	0.12%	计算机智能
21	动力与电气工程	1	0.12%	电气工程
合计		846	100.00%	

注：统计数据来源于中国生物技术发展中心在 2020 年 7 月 16 日至 8 月 10 日发放的问卷调查系统。有的基地平台同时涉及两个一级学科，因此学科统计总数 846 家多于基地平台实际数量 842 家。

（三）批准运行时间分布

我国地方科学与工程研究类生物技术基地平台的批准运行时间，总体上与国家科技发展历程同步，自 1955 年开始，起步较早，得到地方政府的高度重视和积极响应，具有较强的政策导向性。

如图 4-5 所示，我国地方科学与工程研究类生物技术基地平台整体上呈现出阶段式上升势头，早在 20 世纪 50 年代我国就开始了地方生物技术基地平台的布局建设，但真正起步是在 20 世纪 90 年代后期，2000 年以后呈现出波浪式逐年递增趋势。其中，2015 年、2017 年、2018 年和 2019 年分别抵达波峰，数量分别为 59 家、57 家、60 家、57 家。

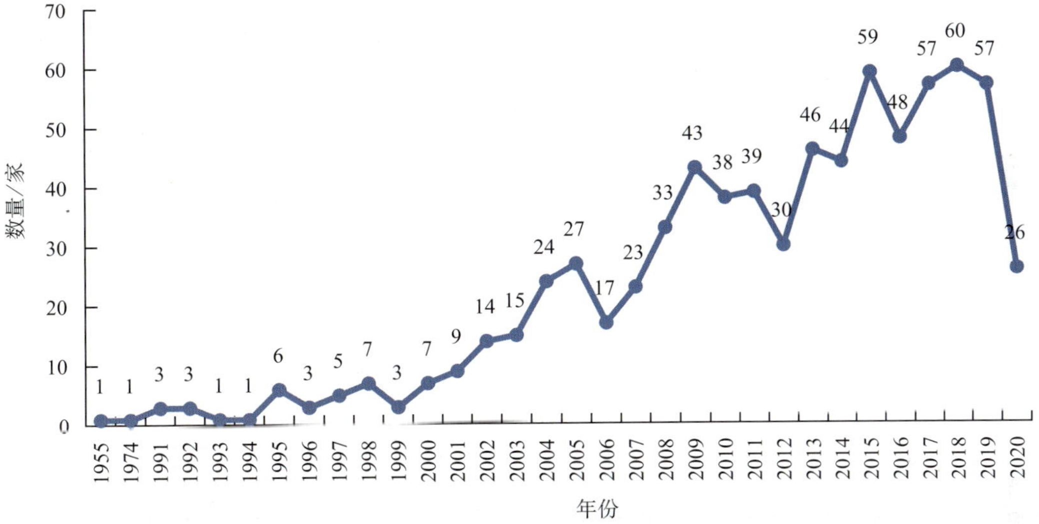

图 4-5　每年批准运行的地方科学与工程研究类生物技术基地平台数量

（注：统计数据来源于中国生物技术发展中心在 2020 年 7 月 16 日至 8 月 10 日发放的问卷调查系统；因部分地方基地平台未填报批准运行时间，此图仅反映实际填报数据情况）

（四）运营面积

生物技术基地平台的运营面积可以在一定程度上反映出该基地平台的建设规模、发展空间、投入力度与受重视程度。根据调研问卷系统收集的反馈数据，计算出我国各省、自治区、直辖市地方科学与工程研究类生物技术基地平台的运营面积情况。目前，北京的基地平台运营面积总体较大，有 5 家基地平台都在 23 000 平方米以上，最大运营面积为 116 720 平方米。天津仅次于北京，共有 31 家基地平台运营面积在 10 000 ～ 23 000 平方米。辽宁、河北、山西、内蒙古等省、自治区、直辖市的生物技术基地平台的运营面积基本在 5000 ～ 10 000 平方米，部分省、自治区、直辖市生物技术基地平台的运营面积在 5000 平方米以下。

（五）经费投入

生物技术基地平台的经费投入情况，可以反映出各级地方政府对基地平台的支持力度和条件保障水平。根据调研问卷系统收集的反馈数据，统计出我国四大区域地方科学与工程研究类生物技术基地平台的经费投入总额、占比、经费投入均值情况。

从表 4–5 可以看出，在四大区域中，东部地区科学与工程研究类生物技术基地平台经费投入总额达到 578 705 万元，四大区域中占比为 54.47%；中部地区投入经费 204 337 万元，占比为 19.23%；西部地区投入经费 245 405 万元，占比为 23.10%；东北地区投入经费 33 924 万元，占比为 3.19%。另外，从四大区域经费投入均值来看，东部地区经费投入省、自治区、直辖市均值达到 64 300 万元，中部地区经费投入省、自治区、直辖市均值为 34 056 万元，西部地区经费投入省、自治区、直辖市均值为 22 309 万元，东北地区经费投入省、自治区、直辖市均值为 16 962 万元。

表 4–5　地方科学与工程研究类生物技术基地平台经费投入

单位：万元

区域名称	经费投入总额	经费投入占比	省、自治区、直辖市均值
东部地区	578 705	54.47%	64 300
中部地区	204 337	19.23%	34 056
西部地区	245 405	23.10%	22 309
东北地区	33 924	3.19%	16 962

注：统计数据来源于中国生物技术发展中心在 2020 年 7 月 16 日至 8 月 10 日发放的问卷调查系统；因部分地方基地平台未填报相应数据，本表为不完全统计。

（六）人员投入

人才是第一资源，获得博士学位人数、正高级职称人数、两院院士人数等在一定程度上能够更好地反映出基地平台的科研竞争力。根据调研问卷系统收集的反馈数据，得出四大区域地方科学与工程研究类生物技术基地平台的科研人员总数、具有博士学位人数、正高级职称人数与两院院士人数及其占比情况。

从表 4-6 可以看出，我国东部地区地方科学与工程研究类生物技术基地平台在科研人员总数、博士学位人数、正高级职称人数、两院院士人数等人才资源比较中处于领先地位，占比分别为 46.20%、50.38%、48.25%、43.61%，其他区域应以地方科学与工程研究类生物技术基地平台为依托，广聚人才，加大高层次人才队伍建设，以实现地方科学与工程研究类生物技术基地平台人才队伍结构的平衡与优化。

表 4-6　地方科学与工程研究类生物技术基地平台人员投入

单位：人

区域名称	科研人员总数	科研人员总数占比	博士总人数	博士学位人数占比	正高级职称总人数	正高级职称占比	两院院士人数	两院院士占比
东部地区	17 870	46.20%	10 232	50.38%	4924	48.25%	58	43.61%
中部地区	8648	22.36%	4292	21.13%	2089	20.47%	25	18.80%
西部地区	8028	20.75%	3663	18.04%	2155	21.12%	25	18.80%
东北地区	4134	10.69%	2121	10.44%	1037	10.16%	25	18.80%

注：统计数据来源于中国生物技术发展中心在 2020 年 7 月 16 日至 8 月 10 日发放的问卷调查系统；因部分地方基地平台未填报相应数据，本表为不完全统计。

（七）科研产出

根据调研问卷系统收集的反馈数据，得出我国四大区域科学与工程研究类生物技术基地平台的科研产出（包括论文产出、专利产出）情况，旨在从一定程度上反映出我国地方科学与工程研究类生物技术基地平台的科研创新水平（表 4-7 至表 4-9）。

表 4-7　地方科学与工程研究类生物技术基地平台当年发表 SCI 收录论文情况

单位：篇

所属区域	SCI 收录论文数	占比
东部地区	10 725	50.60%
中部地区	4588	21.65%
西部地区	4207	19.85%
东北地区	1675	7.90%

注：统计数据来源于中国生物技术发展中心在 2020 年 7 月 16 日至 8 月 10 日发放的问卷调查系统；因部分地方基地平台未填报相应数据，本表为不完全统计。

表 4–8 地方科学与工程研究类生物技术基地平台授权国家发明专利获批情况

单位：项

所属区域	授权国家发明专利数	占比
东部地区	2691	55.43%
中部地区	762	15.70%
西部地区	1100	22.66%
东北地区	302	6.22%

注：统计数据来源于中国生物技术发展中心在2020年7月16日至8月10日发放的问卷调查系统；因部分地方基地平台未填报相应数据，本表为不完全统计。

表 4–9 地方科学与工程研究类生物技术基地平台授权国际发明专利获批情况

单位：项

所属区域	授权国际发明专利数	占比
东部地区	88	66.67%
中部地区	8	6.06%
西部地区	32	24.24%
东北地区	4	3.03%

注：统计数据来源于中国生物技术发展中心在2020年7月16日至8月10日发放的问卷调查系统；因部分地方基地平台未填报相应数据，本表为不完全统计。

从上述数据结果中发现，我国地方科学与工程研究类基地平台在科研产出的区域分布中，东部地区的2019年SCI收录论文数量为10 725篇，在四大区域中占比为50.60%，授权国家发明专利2691项，占比为55.43%，授权国际发明专利88项，占比为66.67%；中部地区的2019年SCI收录论文数量为4588篇，占比为21.65%，授权国家发明专利762项，占比为15.70%，授权国际发明专利8项，占比为6.06%；西部地区的2019年SCI收录论文数量为4207篇，占比为19.85%，授权国家发明专利1100项，占比为22.66%，授权国际发明专利32项，占比为24.24%；东北地区的2019年SCI收录论文数量为1675篇，占比为7.90%，授权国家发明专利302项，占比为6.22%，授权国际发明专利4项，占比为3.03%。

二、技术创新与成果转化类基地平台

地方生物技术领域技术创新与成果转化类基地平台定位于面向地方经济社会发展和创新社会治理等需求，开展共性关键技术和工程化技术研究，推动生物技术应用示范、成果转化及产业化，提升自主创新能力和科技进步水平。主要包括工程研究中心、工程技术研究中心、临床医学研究中心、技术创新中心、国际科技合作基地、国际合作联合实验室、中药现代化科技产业基地、高新技术产业开发区等。截至 2020 年 8 月 10 日，共收集 1011 家技术创新与成果转化类地方生物技术基地平台建设情况的有效反馈数据。

（一）类型分布

在我国三大类型的地方生物技术基地平台布局中，技术创新与成果转化类基地平台的数量最多，规模最大，种类也最为丰富多样，共包括 8 种兼具不同类型、不同功能的基地平台。根据调研问卷系统收集的反馈数据，8 种技术创新与成果转化类基地平台的具体结构分布如图 4-6 所示。

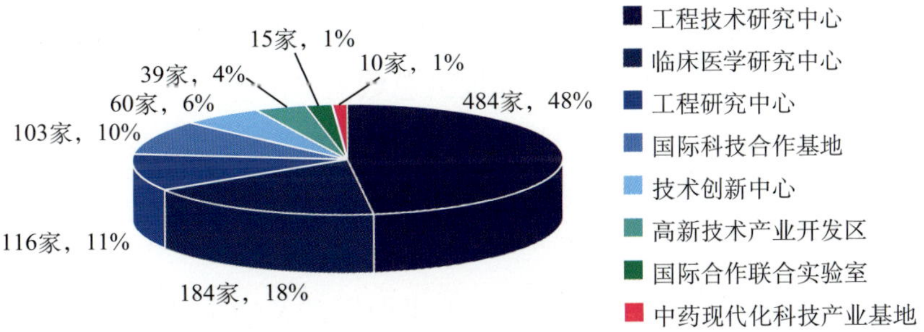

图 4-6　地方技术创新与成果转化类生物技术基地平台的类型分布

（注：统计数据来源于中国生物技术发展中心在 2020 年 7 月 16 日至 8 月 10 日发放的问卷调查系统；因部分地方基地平台未填报相应数据，本图为不完全统计）

从图 4-6 可以看出，在我国生物技术领域地方技术创新与成果转化类基地平台建设中，工程技术研究中心在各地共布局了 484 家，占比为 48%；临床医学研究中心 184 家，占比为 18%；工程研究中心 116 家，占比为 11%；国际科技合作基地 103 家，占比为 10%；技术创新中心 60 家，占比为 6%；高新技术产业开发区 39 家，占比为 4%；国家合作联合实验室 15 家，占比为 1%；中药现代化科技产业基地 10

家，占比为 1%。

（二）地域分布

根据调研问卷系统收集的反馈数据，汇总统计出我国地方技术创新与成果转化类基地平台在各个地理区域的数量分布情况，如图 4-7 所示。

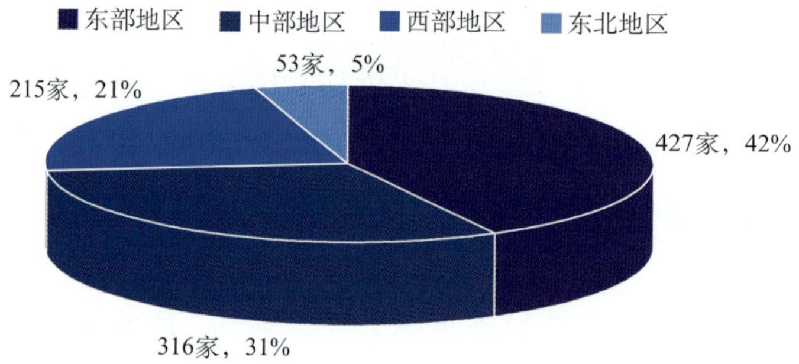

图 4-7 地方技术创新与成果转化类生物技术基地平台地域分布

（注：统计数据来源于中国生物技术发展中心在 2020 年 7 月 16 日至 8 月 10 日发放的问卷调查系统；因部分地方基地平台未填报相应数据，本图为不完全统计）

从图 4-7 可以直观看出，我国东部地区的技术创新与成果转化类生物技术基地平台总数有 427 家，占比为 42%；中部地区总数有 316 家，占比为 31%；西部地区总数有 215 家，占比为 21%；东北地区总数有 53 家，占比为 5%。

（三）领域分布

目前，地方技术创新与成果转化类基地平台所涉及的主要学科领域覆盖了 22 个一级学科。具体包括：临床医学（293 家，28.17%）、药学（169 家，16.25%）、生物学（152 家，14.62%）、中医学与中药学（99 家，9.52%）、自然科学相关工程与技术（74 家，7.12%）、农学（67 家，6.44%）、食品科学技术（55 家，5.29%）、畜牧、兽医科学（31 家，2.98%）、基础医学（22 家，2.12%）、化学（14 家，1.35%）、水产学（12 家，1.15%）、预防医学与公共卫生学（10 家，0.96%）、林学（10 家，0.96%）、材料科学（10 家，0.96%）、化学工程（10 家，0.96%）、环境科学技术及资源科学技术（4 家、0.38%）、物理学（2 家，0.19%）、能源科学技术（2 家，0.19%）、地球科学（1 家，0.10%）、军事医学与特种医学（1 家，0.10%）、动力与电气工程（1 家，0.10%）、心理学（1 家，0.10%）。各学科领域的基地平台数量如图 4-8、表 4-10 所示。

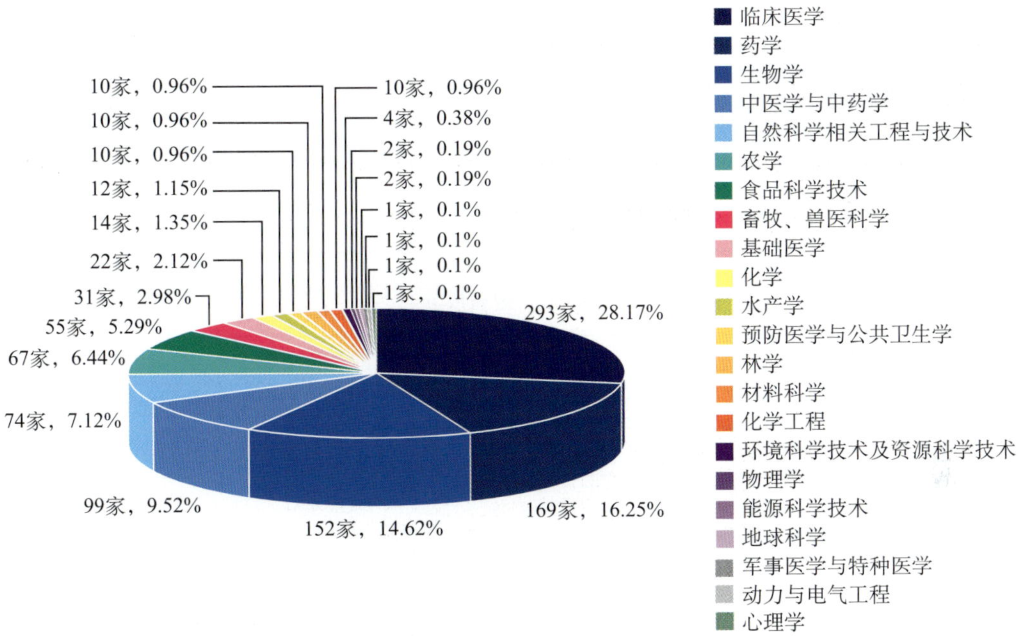

图 4-8　地方技术创新与成果转化类生物技术基地平台主要学科领域布局

（注：统计数据来源于中国生物技术发展中心在 2020 年 7 月 16 日至 8 月 10 日发放的问卷调查系统；因部分地方基地平台未填报相应数据，本图为不完全统计）

表 4-10　地方技术创新与成果转化类生物技术基地平台的学科领域布局

单位：家

序号	一级学科	地方技术创新与成果转化类基地平台数	占比	涵盖二级学科
1	临床医学	293	28.17%	内科学、妇产科学、精神病学、外科学、神经病学、眼科学、肿瘤学、临床医学其他学科、全科医学、临床诊断学、麻醉学、口腔医学、儿科学、急诊医学、理疗学、重症医学、耳鼻咽喉科学、皮肤病学、保健医学
2	药学	169	16.25%	生物医药学、药剂学、药物化学、微生物药物学、生物药物学、药学其他学科、医药工程、药物管理学
3	生物学	152	14.62%	免疫学、微生物学、生物统计学、生物学其他学科、细胞生物学、遗传学、分子生物学、生物化学、植物学、动物学、神经生物学、昆虫学、生物物理学、生态学

续表

序号	一级学科	地方技术创新与成果转化类基地平台数	占比	涵盖二级学科
4	中医学与中药学	99	9.52%	中药学、中西医结合医学、中医学、民族医学
5	自然科学相关工程与技术	74	7.12%	生物医学工程学、生物工程
6	农学	67	6.44%	农业基础学科、植物保护学、园艺学
7	食品科学技术	55	5.29%	食品科学技术基础学科
8	畜牧、兽医科学	31	2.98%	兽医学、畜牧学、畜牧兽医科学基础学科
9	基础医学	22	2.12%	医学遗传学、药理学、医学细胞生物学、医学信息学、医学生物化学、医学实验动物学
10	化学	14	1.35%	化学生物学、有机化学
11	水产学	12	1.15%	水产学基础学科
12	预防医学与公共卫生学	10	0.96%	流行病学、环境卫生学、卫生管理学、儿少与学校卫生学、妇幼卫生学
13	林学	10	0.96%	林木遗传育种学
14	材料科学	10	0.96%	生物材料、复合材料
15	化学工程	10	0.96%	生物化学工程、制药工程
16	环境科学技术及资源科学技术	4	0.38%	环境科学技术基础学科
17	物理学	2	0.19%	声学
18	能源科学技术	2	0.19%	一次能源
19	心理学	1	0.10%	生理心理学
20	动力与电气工程	1	0.10%	电气工程
21	军事医学与特种医学	1	0.10%	特种医学（法医学）
22	地球科学	1	0.10%	海洋科学
合计		1040	100.00%	

注：统计数据来源于中国生物技术发展中心在2020年7月16日至8月10日发放的问卷调查系统；因部分地方生物技术基地平台分属于两个或两个以上一级学科，按照学科合计基地平台总数高于实际的1011家基地平台总数。

（四）批准运行时间分布

根据调研问卷系统收集的反馈数据，得到自 1986—2020 年每年批准运行的地方技术创新与成果转化类生物技术基地平台数量增长趋势，如图 4-9 所示。

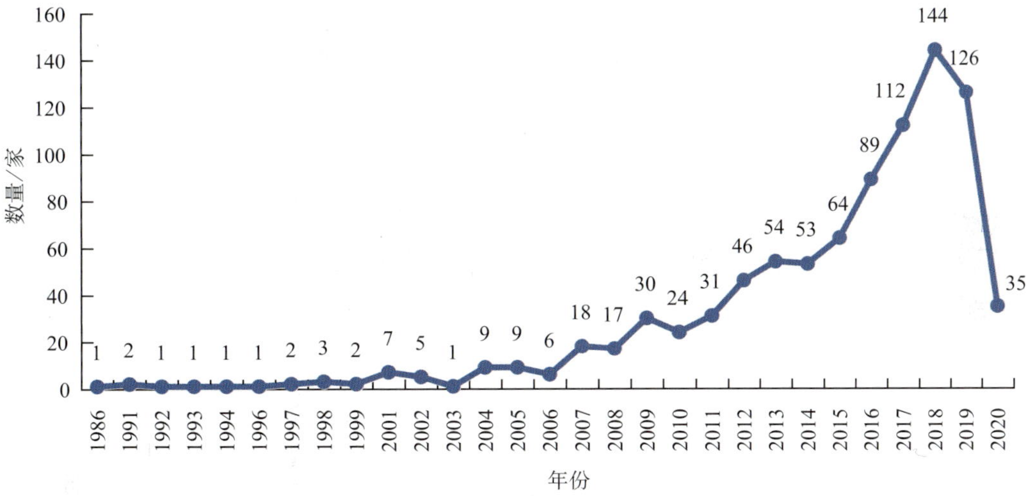

图 4-9　每年批准运行的地方技术创新与成果转化类生物技术基地平台数量

（注：统计数据来源于中国生物技术发展中心在 2020 年 7 月 16 日至 8 月 10 日发放的问卷调查系统；因部分地方基地平台未填报批准运行时间，此图仅反映实际填报数据情况）

如图 4-9 所示，1986 年，我国地方技术创新与成果转化类基地平台开始起步建设，数量逐年平稳递增。2008 年开始快速增加，并于 2018 年达到顶峰，有 144 家技术创新与成果转化类地方生物技术基地平台批准运行，折射出地方生物技术产业快速发展的上升趋势。

（五）经费投入

根据调研问卷系统收集的反馈数据，统计出我国四大区域技术创新与成果转化类基地平台的经费投入情况，如表 4-11 所示。

表 4-11　地方技术创新与成果转化类生物技术基地平台经费投入

单位：万元

区域名称	经费投入总额	经费投入占比	省、自治区、直辖市均值
东部地区	1 137 714	55.13%	33 983.6
中部地区	545 082	26.41%	7298.5
西部地区	317 143	15.37%	16 243.4
东北地区	63 594	3.08%	7659.0

注：统计数据来源于中国生物技术发展中心在 2020 年 7 月 16 日至 8 月 10 日发放的问卷调查系统；因部分地方基地平台未填报相应数据，本表为不完全统计。

从表 4-11 可看出，我国东部地区技术创新与成果转化类生物技术基地平台经费投入总额为 1 137 714 万元，在四大区域中占比为 55.13%；中部地区经费投入总额为 545 082 万元，占比为 26.41%；西部地区经费投入总额为 317 143 万元，占比为 15.37%；东北地区经费投入总额为 63 594 万元，占比为 3.08%。从四大区域的省、自治区、直辖市投入经费均值来看，东部地区、西部地区、中部地区、东北地区分别为 33 983.6 万元、16 243.4 万元、7298.5 万元、7659.0 万元。

（六）人员投入

根据调研问卷系统收集的反馈数据，统计分析出各区域技术创新与成果转化类基地平台的科研人员总数、博士人数、正高级职称人数及其占比，如表 4-12 所示。

表 4-12　地方技术创新与成果转化类生物技术基地平台人员投入

单位：人

区域名称	科研人员总数	科研人员占比	博士总人数	博士学位人数占比	正高级职称总人数	正高级职称占比
东部地区	44 311	42.44%	11 419	50.97%	4372	42.90%
中部地区	40 293	38.59%	5904	26.35%	3133	30.74%
西部地区	17 383	16.65%	4191	18.71%	2187	21.46%
东北地区	2427	2.32%	889	3.97%	499	4.90%

注：统计数据来源于中国生物技术发展中心在 2020 年 7 月 16 日至 8 月 10 日发放的问卷调查系统；因部分地方基地平台未填报相应数据，本表为不完全统计。

从表 4–12 可以看出，在我国四大区域的技术创新与成果转化类生物技术基地平台人员投入的比较中，东部地区的科研人员总数为 44 311 人，占比为 42.44%，博士总数为 11 419 人，占比为 50.97%，正高级职称人数为 4372 人，占比为 42.90%；中部地区的科研人员总数为 40 293 人，占比为 38.59%，博士总数为 5904 人，占比为 26.35%，正高级职称人数为 3133 人，占比为 30.74%；西部地区科研人员总数为 17 383 人，占比为 16.65%，博士总数为 4191 人，占比为 18.71%，正高级职称人数为 2187 人，占比为 21.46%；东北地区科研人员总数为 2427 人，占比为 2.32%，博士总数为 889 人，占比为 3.97%，正高级职称人数为 499 人，占比为 4.90%。

（七）科研产出

根据调研问卷系统收集的反馈数据，统计出四大区域地方技术创新与成果转化类基地平台的论文发表及专利获批情况（表 4–13 至表 4–15）。

表 4–13　2019 年度地方技术创新与成果转化类基地平台 SCI 收录论文情况

单位：篇

所属区域	SCI 论文收录数量	占比
东部地区	10 412	55.37%
中部地区	3255	17.31%
西部地区	4339	23.07%
东北地区	799	4.25%

注：统计数据来源于中国生物技术发展中心在 2020 年 7 月 16 日至 8 月 10 日发放的问卷调查系统；因部分地方基地平台未填报相应数据，本表为不完全统计。

表 4–14　地方技术创新与成果转化类基地平台授权国家发明专利获批情况

单位：项

所属区域	授权国家发明专利数	占比
东部地区	3693	48.39%
中部地区	2124	27.83%
西部地区	1551	20.32%
东北地区	264	3.46%

注：统计数据来源于中国生物技术发展中心在 2020 年 7 月 16 日至 8 月 10 日发放的问卷调查系统；因部分地方基地平台未填报相应数据，本表为不完全统计。

表 4-15　地方技术创新与成果转化类基地平台授权国际发明专利获批情况

单位：项

所属区域	授权国际发明专利数	占比
东部地区	503	60.60%
中部地区	38	4.58%
西部地区	277	33.37%
东北地区	12	1.45%

注：统计数据来源于中国生物技术发展中心在 2020 年 7 月 16 日至 8 月 10 日发放的问卷调查系统；因部分地方基地平台未填报相应数据，本表为不完全统计。

从上述数据结果中发现，我国地方技术创新与成果转化类基地平台在国家与国际发明专利授权方面，明显比地方科学与工程研究类基地平台更具优势，反映了两类基地平台功能定位的差异。在地方技术创新与成果转化类基地平台科研产出的区域分布中，东部地区的 2019 年 SCI 收录论文数量为 10 412 篇，在四大区域中占比为 55.37%，授权国家发明专利 3693 项，占比为 48.39%，授权国际发明专利 503 项，占比为 60.60%；中部地区的 2019 年 SCI 收录论文数量为 3255 篇，占比为 17.31%，授权国家发明专利 2124 项，占比为 27.83%，授权国际发明专利 38 项，占比为 4.58%；西部地区的 2019 年 SCI 收录论文数量为 4339 篇，占比为 23.07%，授权国家发明专利 1551 项，占比为 20.32%，授权国际发明专利 277 项，占比为 33.37%；东北地区的 2019 年 SCI 收录论文数量为 799 篇，占比为 4.25%，授权国家发明专利 264 项，占比为 3.46%，授权国际发明专利 12 项，占比为 1.45%。

三、基础支撑与条件保障类基地平台

地方生物技术领域的基础支撑与条件保障类基地平台，定位于提供公益性、共享性、开放性基础支撑和科技资源共享服务。主要包括科学数据中心、大型科学仪器中心、重大科技基础设施、人类遗传资源库、生物种质资源库等生物科技资源共享与信息服务平台。

截至 2020 年 8 月 10 日，共收集 42 家地方基础支撑与条件保障类生物技术基地平台建设情况的反馈数据。

（一）类型分布

我国地方基础支撑与条件保障类生物技术基地平台共有 5 种类型，包括生物种质资源库、人类遗传资源库、重大科技基础设施、大型科学仪器中心、科学数据中心。这 5 种地方生物技术基地平台的数量分布如图 4-10 所示。

从图 4-10 可以看出，在我国地方基础支撑与条件保障类生物技术基地平台的类型分布中，生物种质资源库的数量最多，共 26 家，占比为 62%；人类遗传资源库 11 家，占比为 26%；重大科技基础设施 2 家；大型科学仪器中心 2 家；科学数据中心 1 家。相比较而言，科学数据中心、重大科技基础设施、大型科学仪器中心的基础支撑和条件保障数量较少，相对薄弱。

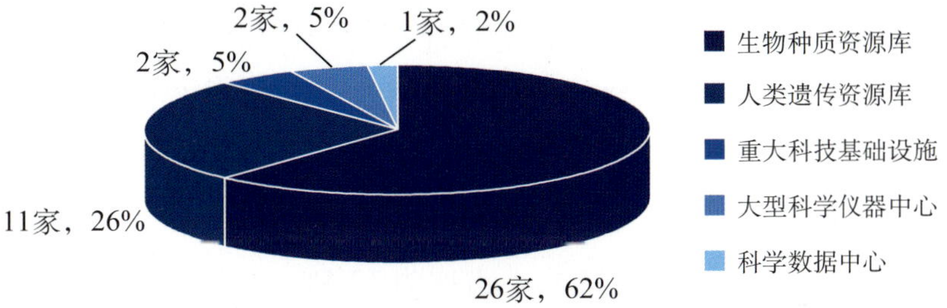

图 4-10　地方基础支撑与条件保障类生物技术基地平台的类型分布

（注：统计数据来源于中国生物技术发展中心在 2020 年 7 月 16 日至 8 月 10 日发放的问卷调查系统，因部分地方基地平台未填报相应数据，本图为不完全统计）

（二）地域分布

根据调研问卷系统收集的反馈数据，地方基础支撑与条件保障类生物技术基地平台与前两类地方基地平台相比总体上数量偏少，覆盖范围有限，尚未收集到东北地区相关基地平台的布局情况反馈。具体地域布局情况如图 4-11 所示。

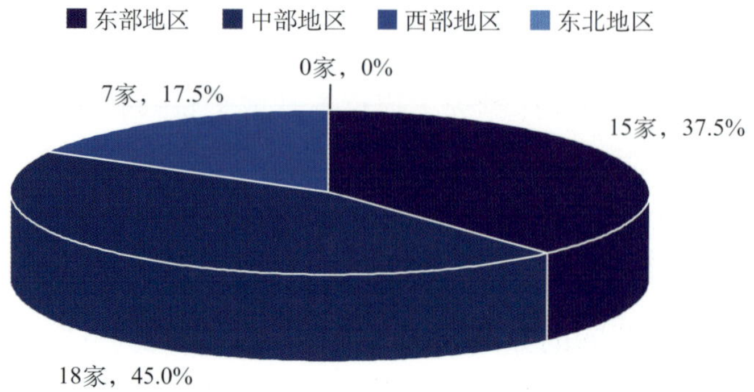

图 4-11　地方基础支撑与条件保障类生物技术基地平台的地域分布

（注：统计数据来源于中国生物技术发展中心在 2020 年 7 月 16 日至 8 月 10 日发放的问卷调查系统；因部分地方基地平台未填报相应数据，本图为不完全统计）

相较于国家基础支撑与条件保障类基地平台的地域布局情况，地方基地平台呈现出一定的差异化与互补性特征：国家基础支撑与条件保障类基地平台主要布局在东部地区，如北京、上海、广东等，其次为西部地区，如四川、云南、陕西等；而地方基础支撑与条件保障类基地平台主要布局在中部地区，有 18 家，占比为 45.0%，其次为东部地区，有 15 家，占比为 37.5%，再次为西部地区，有 7 家，占比为 17.5%。

（三）领域分布

目前，共收集 42 家地方基础支撑与条件保障类基地平台建设情况的反馈数据，所涉及的主要学科领域覆盖了 10 个一级学科。包括生物学（14 家，33.33%）、农学（11 家，26.19%）、临床医学（5 家，11.90%）、林学（3 家，7.14%）、中医学与中药学（3 家，7.14%）、畜牧、兽医科学（2 家，4.76%）、食品科学技术（1 家，2.38%）、药学（1 家，2.38%）、预防医学与公共卫生学（1 家，2.38%）、自然科学相关工程与技术（1 家，2.38%）。各学科领域的基地平台数量如图 4-12、表 4-16 所示。

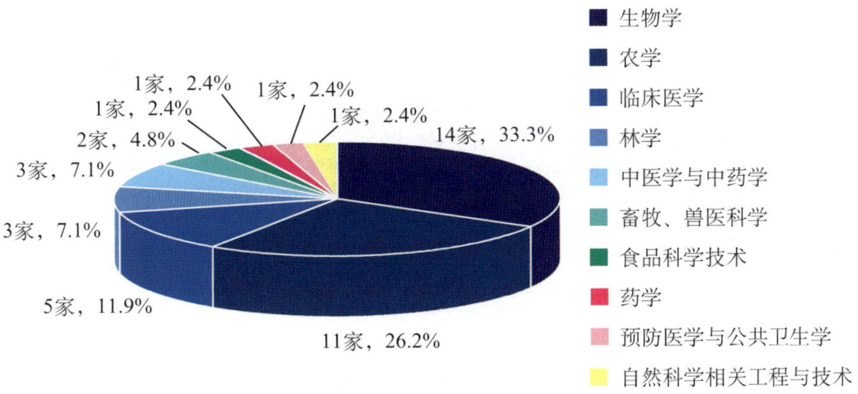

图 4-12 地方基础支撑与条件保障类生物技术基地平台学科领域布局（一级学科）

（注：统计数据来源于中国生物技术发展中心在 2020 年 7 月 16 日至 8 月 10 日发放的问卷调查系统；因部分地方基地平台未填报相应数据，本图为不完全统计）

表 4-16 地方基础支撑与条件保障类生物技术基地平台学科领域布局（二级学科）

单位：家

序号	一级学科	地方基础支撑与条件保障类基地平台数	占比	涵盖二级学科
1	生物学	14	33.33%	遗传学、细胞生物学、植物学、分子生物学
2	农学	11	26.19%	农业基础学科
3	临床医学	5	11.90%	内科学、转化医学、妇产科学等
4	林学	3	7.14%	林木遗传育种学
5	中医学与中药学	3	7.14%	中药学
6	畜牧、兽医科学	2	4.76%	畜牧学、特种经济动物饲养
7	食品科学技术	1	2.38%	食品科学技术基础学科
8	药学	1	2.38%	药物管理学
9	预防医学与公共卫生学	1	2.38%	流行病学
10	自然科学相关工程与技术	1	2.38%	生物医学工程学
合计		42	100.00%	

注：统计数据来源于中国生物技术发展中心在 2020 年 7 月 16 日至 8 月 10 日发放的问卷调查系统；因部分地方基地平台未填报相应数据，本表为不完全统计。

（四）批准运行时间分布

我国地方基础支撑与条件保障类生物技术基地平台建设开始于 1986 年，2015 年进入加快布局阶段，当年新增基地平台数量于 2019 年达到顶峰。地方基础支撑与条件保障类生物技术基地平台的历年批准运行数量增长情况如图 4-13 所示。

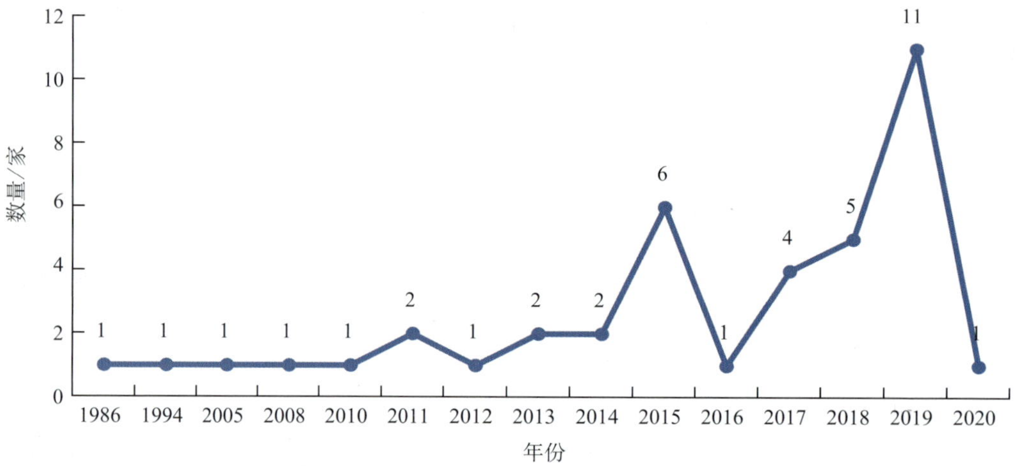

图 4-13　每年批准运行的地方基础支撑与条件保障类生物技术基地平台数量

（注：统计数据来源于中国生物技术发展中心在 2020 年 7 月 16 日至 8 月 10 日发放的问卷调查系统；因部分地方基地平台未填报批准运行时间，此图仅反映实际填报数据情况）

（五）经费投入

根据调研问卷系统收集的反馈数据，得出我国四大区域对基础支撑与条件保障类生物技术基地平台的经费投入情况，如表 4-17 所示。

表 4-17　地方基础支撑与条件保障类生物技术基地平台经费投入

单位：万元

所属区域	投入经费	占比
东部地区	6847.65	22.70%
中部地区	10 863.55	36.01%
西部地区	12 460	41.30%
东北地区	—	—

注：统计数据来源于中国生物技术发展中心在 2020 年 7 月 16 日至 8 月 10 日发放的问卷调查系统；因部分地方基地平台未填报相应数据，本表为不完全统计。

从表 4-17 中不难发现，相较于科学与工程研究类、技术创新与成果转化类生物技术基地平台，我国地方对基础支撑与条件保障类生物技术基地平台的重视程度和经费投入相对有限。

（六）人员投入

根据调研问卷系统收集的反馈数据，得出四大区域基础支撑与条件保障类生物技术基地平台的科研人员总数、博士人数、正高级职称人数及其占比情况，如表 4-18 所示。

表 4-18　地方基础支撑与条件保障类生物技术基地平台人员投入

单位：人

区域名称	科研人员总数	科研人员总数占比	博士总人数	博士学位人数占比	正高级职称总人数	正高级职称占比
东部地区	355	36.41%	136	38.97%	93	39.08%
中部地区	423	43.38%	163	46.70%	110	46.22%
西部地区	197	20.21%	50	14.33%	35	14.71%

注：统计数据来源于中国生物技术发展中心在 2020 年 7 月 16 日至 8 月 10 日发放的问卷调查系统；因部分地方基地平台未填报相应数据，本表为不完全统计。

从表 4-18 可以看出，我国东部地区基础支撑与条件保障类生物技术基地平台的科研人员总数为 355 人，占比为 36.41%，博士 136 人，占比为 38.97%，正高级职称人员 93 人，占比为 39.08%；中部地区基础支撑与条件保障类生物技术基地平台的科研人员总数为 423 人，占比为 43.38%，博士 163 人，占比为 46.70%，正高级职称人员 110 人，占比为 46.22%；西部地区基础支撑与条件保障类生物技术基地平台的科研人员总数为 197 人，占比为 20.21%，博士 50 人，占比为 14.33%，正高级职称人员 35 人，占比为 14.71%。

（七）科研产出

就基地平台的功能定位而言，基础支撑与条件保障类生物技术基地平台的首要任务是应用丰富的生物资源，创造一流的条件保障，提供高质量的支撑性服务，孵化培育更多创新性生物技术成果，同时承担一定的科研任务。

根据调研问卷系统收集的反馈数据，统计我国地方基础支撑与条件保障类生物技术基地平台的科研产出（包括论文发表、国际和国内授权发明专利获批）情况如表 4-19、表 4-20 所示。

表 4-19　2019 年度地方基础支撑与条件保障类基地平台 SCI 收录论文情况

单位：篇

所属区域	SCI 收录论文数量	占比
东部地区	104	27.30%
中部地区	207	54.33%
西部地区	70	18.37%

注：统计数据来源于中国生物技术发展中心在 2020 年 7 月 16 日至 8 月 10 日发放的问卷调查系统；因部分地方基地平台未填报相应数据，本表为不完全统计。

表 4-20　地方基础支撑与条件保障类基地平台的授权国家 / 国际发明专利获批情况

单位：项

所属区域	授权国家 / 国际发明专利数	占比
东部地区	14	8.33%
中部地区	114	67.86%
西部地区	40	23.81%

注：统计数据来源于中国生物技术发展中心在 2020 年 7 月 16 日至 8 月 10 日发放的问卷调查系统；因部分地方基地平台未填报相应数据，本表为不完全统计。

上述数据结果表明，地方基础支撑与条件保障类生物技术基地平台 2019 年度共发表 SCI 收录论文 381 篇，授权国家发明专利与授权国际发明专利共获批 168 项。

第五章　典型基地平台分析

数据是重要的国家战略资源，国家科学数据中心承担着生物技术相关领域科学数据汇交、数据加工、数据存储、数据挖掘和数据共享服务的重要任务，是生物技术创新、政府管理决策的重要支撑[①]，属于基础支撑与条件保障类基地平台。与其他类型的科学数据相比，生物技术科学数据特别是基因数据、医疗健康数据等既涉及公民个人信息与隐私保护问题，也事关国家安全，必须站在更高的战略高度来加强我国生物技术科学数据资源建设。

“十三五”以来，围绕科学数据的开发建设，国家先后出台了一系列政策文件。2018 年 3 月，国务院办公厅发布《科学数据管理办法》，标志着从国家层面全面实施科学数据系统化管理。2017 年 5 月，科技部发布《“十三五”生物技术创新专项规划》，明确提出：“建设国家生物信息中心、人类遗传资源库，以及生物和医学大数据等战略资源平台，构建一批资源共享库及共享服务体系。”2019 年 6 月，科技部、财政部联合发布《国家科技资源共享服务平台优化调整名单》。国家大数据战略及相关政策的出台，为建立国家生物技术科学数据中心带来了前所未有的发展机遇。

我国具有庞大的生物数据资源优势及世界领先的数据生产能力，为国家生物技术科学数据中心建设提供了充足的数据储备。在各部门的积极努力下，我国已相继建成了包括北京大学生物信息中心、中国科学院生物物理研究所健康大数据研究中心、中国科学院微生物研究所微生物资源与大数据中心、国家基因库和中国科学院上海生命科学研究院生物医学大数据中心等在内的多领域、多类型、多功能的生物技术领域数据中心，已逐步具备形成国家生物数据中心的研究基础、设施架构、技术支撑体系。

近几年，国家基因组科学数据中心、国家微生物科学数据中心、国家人口健康科学数据中心相继建成，并已在生物技术科研、教育与产业发展等方面发挥了重要的基础支撑作用，特别是在新冠肺炎疫情防控中，通过搭建病毒资源库、全球冠状

① 吴月红 . 生物大数据：中国能否与世界同步？ [N]. 科技日报，2014-02-26（1）.

病毒组学数据共享与分析系统平台等，为全球科学家开展病毒防治、药物和疫苗研发、医疗诊断与研究等创造了条件，发挥了不可替代的重要作用。

本章在宏观数据统计与整体基地画像的基础上，从微观角度选取了3个生物技术领域的科学数据中心进行案例分析，分别是国家基因组科学数据中心、国家微生物科学数据中心、国家人口健康科学数据中心，主要包括科学数据中心的基本情况、数据资源建设、抗疫贡献等内容，旨在展示该类基地平台在生物技术创新与生物产业发展方面所发挥的基础支撑与条件保障作用。

第一节　国家基因组科学数据中心

一、基本情况

（一）功能定位与历史沿革

国家基因组科学数据中心（National Genomics Data Center，NGDC），是国家生物信息中心（China National Center for Bioinformation，CNCB）的重要组成。其定位是面向我国人口健康和社会可持续发展的重大战略需求，建立生命与健康大数据汇交存储、安全管理、开放共享与整合挖掘研究体系，研发大数据前沿交叉与转化应用的新方法和新技术，建成支撑我国生命科学发展、国际领先的基因组科学数据中心。

中国科学院北京基因组研究所于2016年2月29日成立生命与健康大数据中心（BIG Data Center，BIGDC），围绕国家精准医学和重要战略生物资源的组学数据，建立海量生物组学大数据汇交、存储与管理的应用与共享平台，发展组学大数据系统整合、挖掘与分析的新技术、新方法。目前，中国科学院北京基因组研究所生命与健康大数据中心，已被国际同行列入与美国的NCBI和英国的EBI齐名的全球主要数据中心，标志着我国生物大数据中心开始同国际接轨。

2019年6月5日，由科技部、财政部批复，依托中国科学院北京基因组研究所生命与健康大数据中心，联合中国科学院上海生命科学研究院和中国科学院生物物理研究所，共同建设成立国家基因组科学数据中心，其为国家生物信息中心（CNCB）的重要组成。

（二）运行机制

建立了精干、高效的分级管理体制，由学术带头人综合协调行政办公室、顾问委员会、科研骨干；科研骨干负责组建工作团队，开展研究和项目实施。工作团队包括：组学原始数据归档库、基因组数据序列库、基因组变异数据库、基因表达数据库、表观基因组数据库、生命科学维基知识库、中国人群参比数据库、电子健康管理系统和系统运维部等 9 个工作团队。其中，组学原始数据归档库（Genome Sequence Archive）是组学原始数据汇交、存储、管理与共享系统，是国内首个被国际期刊认可的组学数据发布平台。

二、数据资源建设

（一）进一步健全从数据汇交存储、整合挖掘到转化应用的一体化数据库体系

自 2019 年 6 月正式成立以来，国家基因组科学数据中心在依托单位中国科学院北京基因组研究所和共建单位中国科学院生物物理所与上海营养健康所前期数据资源建设基础之上，按照数据、信息、知识 3 个层次，系统推进面向人口健康和重要战略生物资源的生物大数据汇交共享平台和多层次资源体系建设。

2020 年，国家基因组科学数据中心开发了 6 个全新数据库（新型冠状病毒信息库 2019nCoVR、Aging Atlas、BrainBase、GTDB、LncExpDB 和 TransCirc），更新和丰富了多个核心数据库资源（BioProject、BioSample、GWH、GVM、GEN 和生物多样性数据资源），涉及衰老、疾病、调控和生物多样性等多个前沿领域。2020 年 1 月 22 日，国家基因组科学数据中心率先向全球发布了新型冠状病毒信息库，并始终保持全球最新、最完整的新型冠状病毒基因组数据动态发布，累计全球访问量近百万。

在加强数据资源建设的同时，国家基因组科学数据中心还十分重视用户服务水平的提升，免费向国内外用户提供方便快捷的多组学数据汇交和存储服务。目前，已汇交来自 331 个单位 1192 个用户递交的超过 6 PB 的组学数据，相关数据发表于

187 种国内外期刊的 409 篇文章。GSA 已被国际著名出版商 Elsevier 收录为指定的基因数据归档库。此外，NGDC 系统整合了国家基因组数据科学中心、EBI、NCBI 和 8 个合作机构的 38 个重要数据资源，开发了全新智能搜索引擎 BIG Search，用于一站式高效检索多个分布式异构数据库信息，极大地丰富了数据资源类型和总量。2020 年 1 月 1 日以来，NGDC 公共数据平台访问量超过 188 万人次。

（二）建立衰老生物学多组学数据库：Aging Atlas

随着全球人口老龄化程度加剧，实现健康老龄化是目前亟待解决的重大社会问题和科学问题。近年来，随着衰老相关研究成果的不断增多及高通量测序技术的日益发展，衰老相关多组学数据日益增多。然而，目前尚缺乏一个综合性的整合衰老生物学多组学数据的数据资源库。

国家基因组科学数据中心建立了 Aging Atlas 数据库。该数据库从常规转录组、单细胞转录组、表观基因组、蛋白质组及药物基因组等不同层面整合了衰老相关数据集，实现了不同条件下基因表达调控随衰老变化趋势的汇聚融合。在该数据库中，用户可实现对不同层次组学数据的交互查询和联合分析等功能，同时数据库还将不断完善建立多层次组学间的整合分析和数据呈现，并形成升级版本。此外，数据库提供了归属不同通路的衰老相关基因集，使得用户可以更加深入全面地了解特定基因和通路在衰老生物学中的意义。Aging Atlas 提供开放的数据共享平台，用户可以在上传界面进行原始数据和处理后数据的上传操作，为实现全球数据共享提供便利。Aging Atlas 的建立旨在为世界范围内实现衰老相关大数据的统一汇交、集中存储、安全管理、开放共享。

Aging Atlas 数据库首次实现了对与衰老相关的不同层次的多组学数据的收录和整合。该数据库对用户免费开放，且持续实时更新，将有助于推动与衰老相关的基础研究和临床转化应用的不断发展。

（三）开发人类长非编码 RNA 表达数据库：LncExpDB

lncRNA 在多个生物学过程及疾病发生发展中发挥重要作用。目前，人类基因组中已鉴定出 10 万多个 lncRNA 基因，但有功能研究的仅有数千条，因此全面注释 lncRNA 功能是人类基因组研究的重要内容和巨大挑战。

LncExpDB 数据库致力于提供多生物学场景的 lncRNA 表达谱，鉴定具有潜在功能的 lncRNA，促进 lncRNA 的功能实验研究。在 LncBook 数据库构建的人类 lncRNA 数据集基础上，研究人员整合 CHESS、RefLnc、FANTOM 等 10 余个专业数据库鉴定的 lncRNA，基于严格审编标准，获得全面的高质量人类 lncRNA 参考数据集，包含 101 293 个基因／331 244 个转录本。同时，LncExpDB 数据库进一步整合 9 种重要生物学场景（正常组织 / 细胞系、器官发育、植入前胚胎发育、细胞分化、亚细胞定位、外泌体、癌症细胞系、病毒侵染、昼夜节律）的 1977 个样本的转录组数据，通过标准化的转录组数据分析流程，系统分析并鉴定每种生物学场景的特征基因（管家基因／组织特异性基因、差异表达基因、节律基因、动态表达基因、亚细胞区室富集基因）集合，共计 25 191 个特征 lncRNA 基因和 28 443 865 对相关的 lncRNA-mRNA 共表达关系。此外，LncExpDB 鉴定了具有表达证据支持的 92 016 个 lncRNA 基因，评估了 lncRNA 的表达水平与表达潜力。

LncExpDB 数据库具备友好的检索、浏览与可视化功能，可以方便用户通过不同基因／转录本 ID、基因 symbol 进行检索和浏览，探索特定生物学场景下特征基因与共表达关系，全面比较 lncRNA 在不同生物学场景中的功能差异，提供 FTP 下载所有相关注释信息与分析结果的开放共享功能，为非编码 RNA 功能研究提供了重要数据基础和共享平台。

（四）发布基因组序列变异数据库 2.0 版

基因组序列变异是基因组 DNA 上发生的可遗传变异，是物种群体遗传进化、表型差异人类疾病研究、动植物分子育种等最为宝贵的遗传数据资源。为实现不同生物遗传资源变异组学科学数据的开放共享与安全管理，国家基因组科学数据中心开发了国内规模最大的多物种基因组序列变异库 GVM（Genome Variation Map），并于 2020 年 9 月完成了数据库 2.0 版的数据更新与功能升级。该数据库系统收集了以二代测序和芯片技术为主要检测手段的全基因组序列变异检测的原始数据，通过标准化的变异位点鉴定与注释流程，整合了包括人、主要农作物和其他资源物种在内的 41 个物种共计约 9.6 亿条变异数据信息，64 819 条个体的基因型数据，并通过人工审编收录了约 26 万条高质量的基因型与表型关联知识信息，为深入解析物种遗传变异的功能、研究物种的群体遗传多样性、解读表型 / 性状的遗传机制等提供了重要数据资源。

GVM 数据库通过对变异相关的原数据、变异信息与知识数据分别进行结构化整理，开发了界面友好的数据检索、浏览、汇交、下载、统计等功能模块，用户可以方便、快捷地浏览入库物种、项目、样本、变异、关联知识和用户递交数据的详细信息。通过页面检索，还可便捷地获取一个物种群体内的所有变异数据及功能知识、变异注释基因及功能、群体频率等信息，并可通过 FTP 服务下载 VCF 和 FASTA 格式的全基因组序列变异数据。

GVM 数据库积极响应基因组科学数据管理与共享工作要求，建立了基因组序列变异数据的在线汇交模块，提供在线批量数据递交服务，为数据递交者提供账号管理，并为每一个递交数据分配唯一可识别的标识符，根据递交用户设定的数据公开时间进行可控管理。依托国家基因组科学数据中心高性能存储和异地容灾的备份机制，定期进行数据更新与异地备份，以全面保证数据的完整性与安全性。

（五）开发跨库检索服务 BIG Search

随着高通量测序技术的快速发展及测序成本的不断下降，生物组学数据呈爆炸式增长态势，为生物大数据共享和搜索查询带来巨大挑战。数据库是实现数据开放共享和查询获取的主要载体和方式，全球每年都会有大量新的数据库系统研发上线。然而，大量生物数据分散在各个数据库中，缺乏数据交互检索的统一标准，难以实现海量数据的高效查询，无法实现生物大数据的跨库检索。BIG Search 围绕多维生物大数据的跨库检索开展研究，发展建立多维生物大数据的统一索引标准，综合采用前沿信息交叉技术，应用开展生物大数据快速访问与高效检索关键技术研发，建立多维生物大数据跨库检索系统，为全球科研人员提供一站式的跨库检索服务，支撑生物大数据驱动的科学研究与创新发展。

跨库检索服务主要利用关键字检索多个分布式异构数据库信息的智能搜索引擎。该服务主要由 5 个部分组成，即数据源、数据索引、分布式搜索引擎、查询接口和数据可视化。目前，BIG Search 已整合国家基因组科学数据中心 26 个重要的数据资源库及合作机构的 38 个数据资源库，同时还以 API 的形式整合了 EBI 和 NCBI 的数据资源，能够实现高性能、灵活的全文索引和检索，帮助用户有效、快速、准确地获取知识。

（六）打造国内领先的组学大数据存储与计算中心

随着二代测序技术在基因组研究中的广泛应用，基因组、转录组、表观组等组学数据以井喷之势爆发，生命科学研究已经进入组学大数据时代。生命与健康大数据中心，在中国科学院及大型仪器设备区域共享中心（以下简称“区域中心”）的支持下，不断提高和完善计算能力，已具有 1.6 Gbps 总网络带宽，240 万亿次 / 秒的聚合计算能力，配备 6.5 PB 高性能存储系统，累计为中国科学院下属的 16 家生命科学类科研单位，87 个科研机构提供科学计算服务。国家基因组科学数据中心用于组学数据汇交的存储系统总容量超过 6 PB，已建设 6 PB 数据归档备份系统，2020 年度在建归档备份系统 6 PB，按分级存储、安全可用的原则，通过持续提升基础设施支撑能力，实现海量组学大数据的高效管理。

三、充分发挥大数据优势，积极助力一线抗疫

新冠肺炎疫情暴发后，为促进新型冠状病毒基因组数据共享应用，国家生物信息中心（CNCB）- 国家基因组科学数据中心（NGDC）及时开发并建立了 2019 新型冠状病毒信息库（2019nCoVR）。该信息库整合了来自全球共享流感病毒数据库（GISAID）、美国国家生物技术信息中心（NCBI）、深圳（国家）基因库（CNGB）、国家微生物科学数据中心（NMDC）及 CNCB-NGDC 等机构公开发布的新型冠状病毒核苷酸和蛋白质序列数据、元信息、学术文献、新闻动态、科普文章等信息，开展了不同冠状病毒株的基因组序列变异分析并提供可视化展示。同时，2019nCoVR 无缝对接 CNCB-NGDC 的相关数据库，提供新测序病毒株系的基因组原始测序数据、组装后序列的在线汇交、管理与共享、国际数据库同步发布等数据服务[①]。

（一）发布 2019 新型冠状病毒信息库

2020 年 1 月 22 日，国家基因组科学数据中心正式发布 2019 新型冠状病毒信息库（2019nCoVR）。该库整合了世界卫生组织（WHO）、中国疾病预防控制中心（CDC）、NCBI、GISAID 等机构公开发布的冠状病毒基因组序列数据、元信息、学术文献、新闻动态、科普文章。同时，对不同冠状病毒株的基因组序列做了变异分析与展示。

（二）实现 2019 新型冠状病毒基因组数据的国内首发

从新冠肺炎疫情暴发以来，已有超过 23 万条新型冠状病毒的基因组序列被国内

① 赵文明，宋述慧，陈梅丽，等 .2019 新型冠状病毒信息库 [J]. 遗传，2020（2）：212-221.

外科学家破译，其中绝大部分数据都被递交到全球共享流感病毒数据库（GISAID）系统。从该数据库系统获取数据需要注册账号并经过审核，获得权限的研究人员才可登录系统浏览数据，且不便于批量下载。这种数据获取方式客观上造成了中国产生的数据需要先出口到 GISAID 系统，再进行入口访问和使用的现象，而且数据下载烦琐费时。

CNCB-NGDC 旨在构建国家级组学数据存储与共享公共平台，努力在第一时间向国内乃至全球科学家提供基因组数据优质便捷的存管用服务。2020 年 1 月 26 日，收录了由中国医学科学院病原生物学研究所提供的 5 条 2019 新型冠状病毒全基因组序列。这是自 2019 年 12 月疫情暴发后，国内公共数据平台首次公开发布新型冠状病毒基因组数据。疫情暴发后，2019nCoVR 一直保持着全球最新、最完整的病毒基因组数据动态发布，持续为国内外科研人员提供方便快捷的数据检索及下载资源。至今，共发布了 96 条 2019 新型冠状病毒基因组序列，以上序列可在国家生物信息中心－国家基因组科学数据中心（CNCB-NGDC）冠状病毒序列库（https：//bigd.big.ac.cn/gwh/browse/virus/coronaviridae）检索并下载，无须注册或申请，极大地方便了用户访问和数据获取。

（三）促进 2019 新型冠状病毒信息库的实时更新与开放共享

CNCB-NGDC 建立的 2019 新型冠状病毒信息库（2019nCoVR）上线运行以来，已汇交并整合全球范围内产出的 231 571 条非冗余基因组序列信息，成为目前全球收录 2019 新型冠状病毒（2019-nCoV）基因组数目最多的数据库，在中国科学院网络中心带宽支持下，为 175 个国家 / 地区的 18 万余访客提供数据服务，序列文件被下载近 1.9 亿条，为推动新型冠状病毒生物信息数据汇交与共享起到了重要支撑作用。

为了进一步扩大 2019-nCoV 基因组序列的应用范围，CNCB-NGDC 与国际生物信息数据库建立了数据同步共享机制，已有自主收录的 25 条 2019-nCoV 全基因组序列与美国 NCBI 核酸数据库 GenBank 数据同步与共享。通过有效的共享机制，国内研究人员只需将数据递交一次，就可以实现数据在 CNCB-NGDC 和 NCBI 同时发布，给研究人员带来很大便利。

（四）快速启动 2019 新型冠状病毒信息库 2.0 版的上线运行

2020 年 2 月 28 日，由国家生物信息中心－国家基因组科学数据中心（CNCB-NGDC）开发维护的 2019 新型冠状病毒信息库（https://bigd.big.ac.cn/ncov）2.0 版发布上线。

高质量的基因组序列及其变异位点的注释是病毒相关研究的重要基础和保障。经过持续更新，该信息库目前已整合 231 571 条新型冠状病毒及疑似与其来源相关的病毒基因组序列信息、604 604 条冠状病毒序列、22 111 个变异的人源新型冠状病毒基因组、94 764 篇新型冠状病毒相关文献。同时，信息库基于较全面的基因组序列数据，集成了更多审编与注释方法，配置多维度可视化动态展示，能够为用户提供全面丰富、及时可靠的信息与知识，做好数据支撑服务。

与前期版本相比，2.0 版增加多项新功能，包括：在“基因组序列发布”“变异数据统计”“变异注释”栏目中提供每一条基因组序列和每一个变异位点的质量评估信息；基于原始测序数据，对相关参考基因组进行序列组装评估，保障病毒基因组参比序列可靠性；新增“变异时空变化”栏目，通过热度图动态展示变异位点随时间和地域的频率变化趋势；丰富了“变异鉴定”“变异注释”等在线工具模块，满足不同用户需求等。该信息库将继续进行数据更新及系统功能提升，助力新型冠状病毒科研工作。

截至 2020 年 12 月 2 日，2019nCoVR 共收录全球 231 571 条非冗余新冠全基因组序列，对应 231 335 个病毒株。其中，218 849 条（94.5%）为全基因组序列，12 722 条（5.5%）为人类基因组序列；231 058 条（99.8%）为人源全基因组序列，其余序列来源于水貂、蝙蝠、穿山甲、老鼠、培养细胞等。基因组序列数量排名前五的国家相关数量统计如图 5-1 所示。全球序列数量增幅最大的为 2020 年 9 月 30 号，增长超过 1 万条序列。

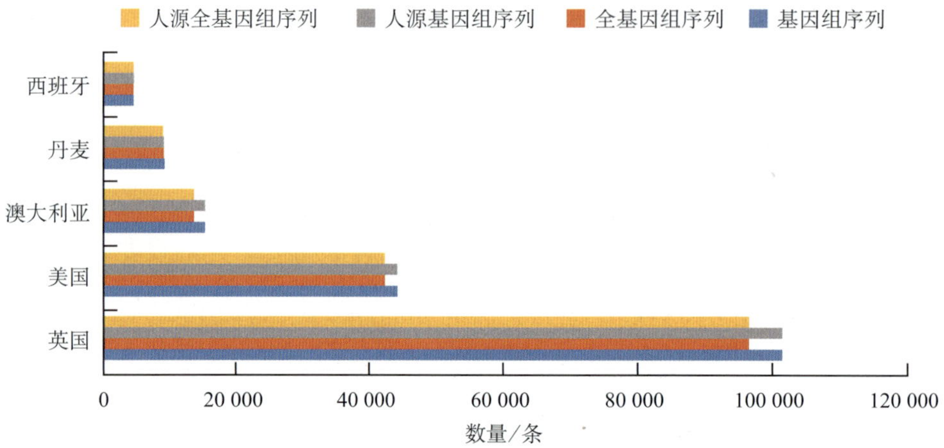

图 5-1 新冠基因组序列发布量排名前五的国家

目前，NGDC 的新冠信息库 2019nCoVR 收录了全球最为全面的、非冗余的新冠基因组信息，在数据递交量、总数据量、冗余情况、共享开放程度等方面与国内外其他数据库／数据中心的比较情况如表 5-1 所示。

表 5-1 国内外数据库／数据中心新冠信息比较

单位：家

数据库	CNGB	NCBI	GISAID	NGDC	NMDC
直接递交序列数	87	42 645	1 225 793	96	300
总序列数	245 012	42 646	229 709	231 571	43 026
数据冗余	是	否	是	否	是
访问限制	否	否	是	否	部分

根据 Google Scholar 的数据，截至 2020 年 12 月 2 日，在《遗传》杂志发表的介绍 2019 新型冠状病毒信息库的文章（Zhao et al.，2020）被引用 83 次，新型冠状病毒信息库网站被引用 140 次，这些杂志包括 *The Lancet*、*Nature Reviews Microbiology*、*Nature Reviews Cardiology*、*Nature Communications*、*PNAS*、*Genome Research*、*National Science Review* 等，有多个数据库链接了 2019 新型冠状病毒信息库。此外，2020 年 11 月华中科技大学向国家生物信息中心－国家基因组科学数据中心（CNCB-NGDC）提出移交新冠影像学和临床诊断数据综合数据库 iCTCF（http://ictcf.biocuckoo.cn/）的申请。该数据库收集、整合、注释和分类了 1521 位肺炎患

者（完全去除个人隐私信息）的海量CT影像学和临床诊断大数据，其数据量达到265.1 GB，相关移交工作正在推进中。

（五）为新冠流行病学发展规律等基础科研提供数据支撑

新冠基因组变异方面，中国科学院北京基因组研究所（国家生物信息中心）通过对信息库病毒基因组序列的分析，对病毒序列的基础参数，如突变率、共祖时间等进行了推断；指出病毒数据普遍存在时间和空间上的取样偏差及群聚感染等，对病毒基因组数据分析的影响不可忽视，认为应该避免因该因素造成错误的分子进化结论。通过对信息库中现有的基因组数据进行分子进化和群体遗传学分析，可以进一步判断病毒在传播过程中是否发生了或者正在发生适应性进化，为疫情防控、疫苗开发等提供参考信息。

第二节　国家微生物科学数据中心

一、基本情况

（一）成立背景与功能定位

2019年6月，科技部、财政部通知公布，国家微生物科学数据中心（National Microbiology Data Center，NMDC）成为20个首批启动的国家级科学数据中心之一。该中心以中国科学院微生物研究所作为依托单位，联合中国科学院海洋研究所、中国疾病预防控制中心传染病预防控制所、中国科学院植物生理生态研究所、中国科学院计算机网络信息中心等单位共同建设，上级主管部门为科技部国家科技基础条件平台中心和中国科学院办公厅。

该中心的主要职责任务包括：承担微生物领域科学数据汇交管理、共享与服务工作，建立微生物领域完善的数据管理体系，数据内容覆盖微生物资源、研究过程及工程、微生物组学、微生物技术、合成生物学等交叉学科及微生物文献、专利、专家、成果等知识库，重点推进微生物领域科技资源向国家平台汇聚与整合，为科学研究、技术进步和社会发展提供高质量的科学数据资源共享服务。

（二）组织架构与人员队伍

根据数据汇交管理、资源挖掘、数据应用、国际合作和技术平台等核心业务内容，构建国家微生物科学数据中心的业务组织框架，如设立不同的业务部门，由各个参与单位的指定具体工作人员参与业务部门的工作。依托单位与共建单位依据各自的资源优势，按照不同的数据资源内容和数据来源进行任务分工，执行统一的数据共享管理制度和数据质量控制标准，保证数据资源及其共享服务的一致性。

目前，国家微生物科学数据中心团队共有来自中国科学院微生物研究所、中国疾病预防控制中心传染病预防控制所、中国科学院海洋研究所等 5 个单位的科研及支撑人员共 60 余人，工作覆盖数据挖掘及分析、共享服务与技术支持等。

二、数据资源建设

（一）丰富的数据资源

目前，国家微生物科学数据中心的数据资源总量已超过 3 PB，数据记录数超过 40 亿条，共 161 个专业数据库[①]。数据内容完整覆盖了微生物资源、微生物及交叉技术方法、研究过程及工程、微生物组学、微生物技术和微生物文献、专利、专家、成果等微生物研究的全生命周期。该中心重点推进微生物领域科技资源向国家平台汇聚与整合，加强微生物资源开发应用与分析挖掘，提升微生物资源有效利用和科技创新支撑能力，为科学研究、技术进步和社会发展提供高质量的科技资源共享服务。

（二）便捷的数据发表

国家微生物科学数据中心支持国家重点研发计划、科技资源调查专项、国际合作专项等项目数据汇交；支持微生物样本、核酸序列、微生物基因组、微生物元基因组、转录组、蛋白质结构、期刊附件等多种类型数据提交。数据发表流程为：便捷数据提交、专业团队审核、快速数据发表。该中心支撑国内外科学家发表文章时

① 国家微生物科学数据中心 . 基本介绍 [EB/OL]. [2020-12-02]. http://www.nmdc.cn.

的数据存储、共享；在该中心发布的数据编号，可以在国际期刊直接使用；数据提交后，3 个工作日内完成审核并发放编号；为每条数据提供 DOI 及数据引用分析。

（三）专业的数据分析

国家微生物科学数据中心配备高性能计算及大规模数据存储资源，为数据提交用户提供免费的一站式数据分析服务；开展微生物模式基因组、工业微生物基因组、病原微生物基因组、微生物组、病毒组测序及分析服务。

（四）强大的数据效应

该中心已建立完善的数据质量控制体系和多级数据质量标引体系，牵头申请并开发微生物数据领域第一个国际 ISO 标准，2020 年 11 月 12 日该标准已经被国际标准化组织生物技术委员会（ISO/TC 276）正式发布为 ISO 21 710：2020 Biotechnology — Specification on data management andpublication in microbial resource centers（微生物资源中心数据管理和数据发布标准）。在此基础上，开发了拥有自主知识产权的数据管理平台，已在国内外上百家单位使用。建设和维护全球微生物保藏机构数据库、全球微生物菌种资源目录、全球微生物参考菌株数据库、微生物资源引用数据库等，使我国科学家能够以全球视野组织、协调各国相关力量，建立全球性的合作框架。同时，也推动了中国逐步在微生物资源的开发应用和数据共享方面占领国际微生物研究前沿和主导地位。

不仅如此，该中心还启动了全球万种微生物模式菌株测序计划，目前已有 18 个国家的 25 个微生物保藏机构参与这一国际合作计划，并提供了 DNA 或者菌株资源，推动了全球数据资源的共享，真正发展成为国际微生物实物资源的合作；该中心建立的真菌 DNA 条形码数据库在宁波等多个口岸应用，有效支持了有害物种的快速鉴定，保障国门生物安全。

此外，该中心还利用积累的全球微生物数据，主动与国际生物多样性公约信息交换所合作，向国际生物多样性公约信息交换所提出全球微生物领域微生物资源转移信息平台建设方案，为全球各国履行生物多样性公约和名古屋议定书提供重要支持，以数据技术创新推动学科前沿发展和产业应用创新，在国际竞争中占领先机。

三、强化新型冠状病毒数据库建设

（一）夯实新型冠状病毒数据基础

目前，国家微生物科学数据中心在新型冠状病毒数据基础设施与信息支撑方面发挥了重要作用，收集存储了多种类型的新型冠状病毒数据。新型冠状病毒数据类型和数据规模如表 5-2 所示。

表 5-2　新型冠状病毒数据类型和数据规模

单位：条

序号	数据类型	数据规模
1	新型冠状病毒全基因组信息	35 623
2	全球冠状病毒基因序列信息	78 635
3	全球冠状病毒全基因组信息	3015
4	全球冠状病毒蛋白序列信息	159 224
5	新型冠状病毒晶体结构信息	4
6	新型冠状病毒毒株信息	2
7	检测引物及探针	1

（二）开发新型冠状病毒国家科技资源服务系统

新型冠状病毒的暴发正在引发一场肆虐全球的疫情危机。疫情发生后，中国公共卫生和科研机构与病毒“全速赛跑”。由中国科学院微生物研究所牵头的国家微生物科学数据中心联合中国疾病预防控制中心牵头的国家病原微生物资源库等单位共同建设的新型冠状病毒国家科技资源服务系统于 2020 年 1 月 24 日正式启动，第一时间建立了全球科学数据发布及共享平台，并在后新冠时代为全球重大新发、突发传染病防控和科研工作提供了重要支撑。

该服务系统的重点是权威发布与此次疫情相关的可供公开的毒株资源及其科学数据，包括毒株资源保藏、电镜照片、检测方法、基因组、科学文献等综合信息，并向社会及时动态发布新型冠状病毒、核酸序列信息和引物设计建议等相关科技资源和科学数据的权威信息，为新型冠状病毒肺炎疫情防控提供专题服务。

我国新型冠状病毒科学数据对外发布后，引起国外广泛关注。1 月 24 日，该系统开通 3 小时后美国有线电视新闻网（CNN）就报道了中国国家微生物科学数据中心公布的武汉病毒的毒株信息和电镜照片，1 月 27 日央视新闻联播报道中国疾病预防控制中心通过该服务系统发布毒株信息并配播网站画面，1 月 30 日，李克强总理听取了该系统的工作汇报，国务院联防联控四次发布会和中国政府《抗击新冠肺炎疫情的中国行动》白皮书都介绍了上述数据平台的工作。该服务系统从全球 263 项候选项目中脱颖而出，入选乌镇世界互联网大会 15 项世界互联网领域领先科技成果。目前，系统总访问量达到 1132 万次，访客数量达到 43.5 万人次，其中境外访问量达 172.2 万次，访客数量 69 130 人次，为全球新型冠状病毒防控科技攻关做出了积极贡献。

新型冠状病毒国家科技资源服务系统（图 5-2）通过与科学家合作，建立快速通道，第一时间发布了多条核酸序列、晶体结构等重要数据，支撑国际社会及时利用这些数据进行共同研究，对全球新型冠状病毒感染机制解析、疫苗和药物开发提供基础支持。这一举措既充分体现了我国对全球数据开放共享的责任，也展现了疫情应对中的大国担当。

图 5-2　新型冠状病毒国家科技资源服务系统

2020 年 1 月 30 日，国际顶级医学期刊《柳叶刀》在线发表最新论文，揭示新型冠状病毒（2019-nCoV）的基因组序列与 SARS-CoV 的差异。相关数据在国家微生物科学数据中心向全社会共享（图 5-3）。

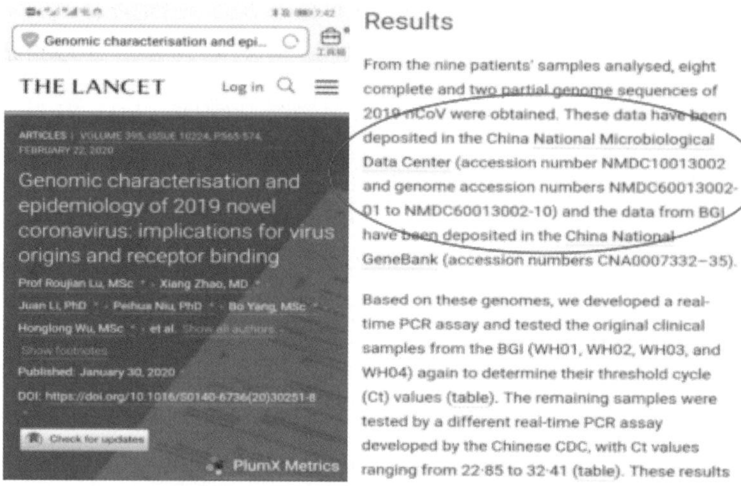
Genomic characterisation and epi...

THE LANCET Log in

ARTICLES | VOLUME 395, ISSUE 10224, P565-574, FEBRUARY 22, 2020

Genomic characterisation and epidemiology of 2019 novel coronavirus: implications for virus origins and receptor binding

Prof Roujian Lu, MSc • Xiang Zhao, MD • Juan Li, PhD • Peihua Niu, PhD • Bo Yang, MSc • Honglong Wu, MSc • et al. Show all authors

Show footnotes

Published: January 30, 2020

DOI: https://doi.org/10.1016/S0140-6736(20)30251-8

Check for updates

PlumX Metrics

Results

From the nine patients' samples analysed, eight complete and two partial genome sequences of 2019-nCoV were obtained. These data have been deposited in the China National Microbiological Data Center (accession number NMDC10013002 and genome accession numbers NMDC60013002-01 to NMDC60013002-10) and the data from BGI have been deposited in the China National GeneBank (accession numbers CNA0007332–35).

Based on these genomes, we developed a real-time PCR assay and tested the original clinical samples from the BGI (WH01, WH02, WH03, and WH04) again to determine their threshold cycle (Ct) values (table). The remaining samples were tested by a different real-time PCR assay developed by the Chinese CDC, with Ct values ranging from 22·85 to 32·41 (table). These results

图 5–3 《柳叶刀》在线发表最新论文

2 月 20 日，完成了新型冠状病毒 S 蛋白结构解析，并在文章发表前，第一时间将结构数据上传到了国际蛋白质结构数据库（PDB）和国家微生物科学数据中心，6 小时后，数据在国家微生物科学数据中心网站上线并供全球科学家下载。而国际 PDB 数据库至 3 月 18 日才公布该结构数据。

4 月 10 日，在 *Science* 杂志发表题为“Structure of the RNA-dependent RNA polymerase from COVID-19 Virus”的研究论文，两个结构坐标数据文件已投递至国家微生物科学数据中心，提供公开下载（图 5–4）。

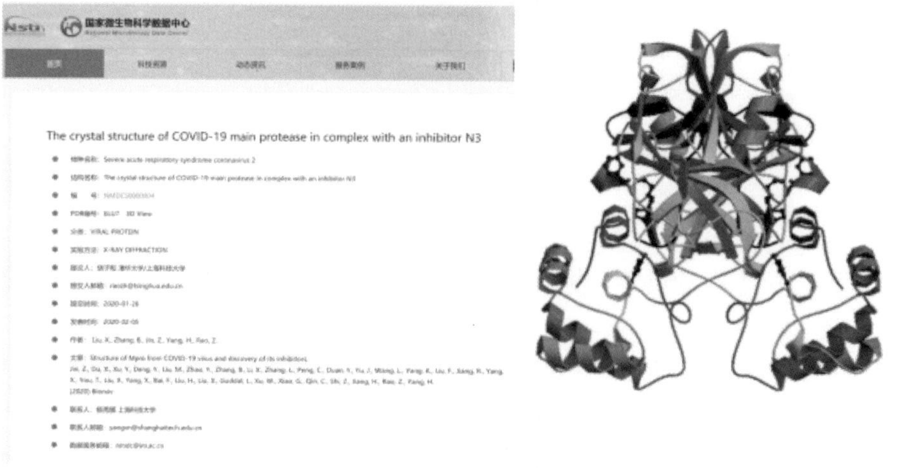

图 5–4 结构坐标数据文件

截至4月11日，新型冠状病毒国家科技资源服务系统为全球139个国家和地区的202 300名用户提供了815.3万人次的数据浏览和下载，其中境外136个国家17 981名国际用户访问了60.1万人次。

（三）提供全球冠状病毒组学数据共享与分析服务

为做好新冠肺炎疫情防控和科研支撑，2020年2月18日，国家微生物科学数据中心在对科学数据资源进行管理和发布的基础上，进一步发挥在微生物领域长期的大数据积累和分析模型开发经验的优势，加强对微生物数据分析与挖掘的支撑。为新型冠状病毒乃至全球冠状研究提供了一站式、标准化的数据分析环境，建立了全球冠状病毒组学数据共享与分析系统，整合包括此次新型冠状病毒基因组数据在内的全球冠状病毒基因组35 623个，核酸序列78 635条，来自于76 328个毒株，分离自496个不同宿主类型和568个采集地，为我国科学家进行分析研究提供了重要的支撑和保障，并促进国内外冠状病毒数据汇集与综合分析及共享。

该系统通过集成冠状病毒基因与全基因组数据，并提供相似性比对、系统进化分析等工具，实现全球病毒组学数据集成与流程化的分析挖掘，促进国内外冠状病毒数据汇集与综合分析及共享。该系统可以在线提供新型冠状病毒参考基因组展示、新型冠状病毒基因组时空演变统计。其中，新型冠状病毒基因组可以通过设定数据类型、筛选条件进行过滤查询，查询结果可支持批量下载和分析。全球冠状病毒基因组可以根据筛选条件进行过滤查询，查询结果可支持批量下载和分析，系统提供了比较基因组可视化功能，选定基因组后添加至备选基因组库后可进行选定基因组的比较基因组可视化展示，可以根据任意筛选条件进行过滤查询并下载。

第三节　国家人口健康科学数据中心

一、基本情况

国家人口健康科学数据中心（National Population Health Data Center，NPHDC），是科技部和财政部认定的20个国家级科学数据中心之一，属于国家科技基础条件平台下的科技资源共享服务平台，承担国家科技重大专项、科技计划、重大公益专项等人口健康领域的科学数据汇交、加工、存储、挖掘和共享服务任务。已建成的人口健康科学数据仓储（Population Health Data Archive, PHDA）已被国际 re3data.org 和 FAIRsharing 认证并收录。

（一）建设目标

建成我国人口健康领域科学数据的指定汇交中心、管理中心和共享服务中心，达到国内领先、国际一流、权威、高质量的科学数据中心水平。通过承担国家科技重大专项、科技计划、重大公益专项等人口健康领域科学数据汇交、数据加工、数据存储、数据挖掘和数据共享服务的任务，提高科学数据安全保障能力，实现“利用人口与健康科学数据服务健康中国，惠及百姓生活”的总体目标。

（二）发展历程

2003 年作为科技部科学数据共享工程重大项目立项，2004 年 4 月正式启动，2010 年通过科技部和财政部认定转为运行服务，面向全社会开放，提供数据资源支撑和共享服务。经过 10 余年的发展，已集成涉及基础医学、临床医学、药学、公共卫生、中医药学、人口与生殖健康等多方面的科学数据资源，建立了 16 项特色专题服务，如农村三级医疗卫生专题服务、国民体质与健康专题服务、面向国际肿瘤转化医学专题服务、热点传染病预警与追踪专题服务等，为用户提供全方位、立体化的共享服务，为国家科技创新、政府管理决策、医疗卫生事业发展及创新型人才培养和健康产业发展等提供了条件支撑。

（三）建设规划

按照国家人口健康科学数据中心建设目标，分两个阶段实施：第一个阶段的目标是用 3 ～ 5 年完成统一标准规范、统一资源规划和统一技术构架。完成各类医学数据的收集、加工、汇总和交汇工作，完成元数据标准、数据标准、数据分类标准和数据标识标准，完成数据传输和交换标准，完成互操作的构架标准，完成安全认证标准等工作，达到国内领先、国际一流的高质量人口健康数据中心。

第二个阶段的目标是用 2 ～ 3 年进行数据整理、数据挖掘，形成覆盖医疗卫生全行业的国家人口与健康大数据中心，服务于科技创新、政府管理决策、医疗卫生事业的发展，为创新型人才培养和健康产业发展提供科学数据共享服务，从而提高我国医疗卫生服务整体水平和国际竞争力。

二、数据资源建设

（一）特色资源与系统功能

国家人口健康科学数据中心具有丰富的特色资源，据网站服务系统平台显示，目前的特色资源有：北京市提供新型冠状病毒核酸检测服务的医疗卫生机构数据集、华表计划汉族人群外显示频率数据集、中国流动人口卫生计生动态监测健康数据（2009—2017 年）、中国青少年健康数据库、脑卒中高危人群筛查数据集、冠状病毒传染病本体、蝙蝠相关病毒数据库、SymMap 中西医结合平台。

此外，该系统平台还建设了完善的数据汇交系统，支持项目数据汇交及其他数据汇交。按照最新的项目汇交情况统计，目前已完成汇交的项目总数为 392 个，项目数据集 3085 个，已发布的项目总数为 38 个、项目数据集总数有 387 个，项目数据陆续发布；正在实施汇交工作的项目超过 700 个。同时，该系统还具有资源统计、资源排序功能。资源统计包括热点词云、学科分类、资源统计；资源排序包括数据下载排行、数据收藏排行、数据点击排行等。在“工具服务”模块，可以使用 PLINK、Weka、RapidMiner、BLAST 等工具；在“主题服务”模块，包括基础医学、临床医学、公共卫生、药学、中医药、人口与妇幼保健等主题模块。

（二）科技服务影响力及支撑效果

2019 年度国家人口健康科学数据中心累计服务用户 567 284 人次，服务单位 40 704 家。服务国家科技重大专项项目 35 个，服务国家科技重大专项课题 23 个，服务国家重大工程项目（课题）7 个，服务国家重大自然灾害（防灾减灾）51 个。服务各级各类科技计划（项目 / 课题）426 个，包括重点研发计划项目（课题）21 个，“863”“973”和支撑计划项目（课题）203 个，自然科学基金项目（课题）67 个，省部级项目（课题）47 个，其他科技计划项目（课题）88 个。共支撑发表论文总数 3753 篇，SCI、SSCI 收录论文 127 篇，EI 检索论文 41 篇，CSCD 收录论文 3199 篇，其他类型论文 386 篇。支撑发表论著 9 部，支撑获取专利 29 个，支撑标准制定 33 个。

三、积极为新冠肺炎疫情防控提供数据支撑

（一）发布“新型冠状病毒肺炎术语集”

2020 年 2 月，国家人口健康科学数据中心及时发布“新型冠状病毒肺炎术语集”。中国医学科学院医学信息研究所收集整理了“新型冠状病毒肺炎术语集（COVID Term）”，包括疾病、病毒、症状体征、感染人群、疫情防控、心理救助等相关术语的中文和英文全称、简称、中英双语对照和同义词，并且整理了相关术语的定义与来源。该术语集可通过国家人口健康科学数据中心人口健康科学数据仓储（http：//www.ncmi.cn）免费开放获取。《国家卫生健康委关于修订新型冠状病毒肺炎英文命名事宜的通知》将“新型冠状病毒肺炎”英文名称修订为“COVID-19”，与世界卫生组织命名保持一致，中文名称保持不变。

（二）构建“新型冠状病毒肺炎数据共享系统”

国家人口健康科学数据中心构建了“新型冠状病毒肺炎数据共享系统”，该共享系统提供的信息服务栏目包括：科学数据、研究文献、疫情报告、防疫指南、标准规范、政策法规、防护知识、每天资源。其中，“科学数据”包括：全国新型冠状病毒肺炎定点医疗机构和发热门诊汇总数据集、新型冠状病毒肺炎术语集、全国新型冠状病毒肺炎疫情心理援助热线数据集、全国新型冠状病毒感染的肺炎定点救治医疗机构和发热门诊汇总数据集、BiCovid 新型冠状病毒肺炎信息集合；“研究文献”共有 4835 条关于新型冠状病毒肺炎的研究文献数据；“疫情报告”共有 154 条数据，及时通报“新型冠状病毒肺炎疫情最新情况”；“防疫指南”共检索 350 条相关数据，如“2019 冠状病毒病疫情下学校公共卫生措施的注意事项”“使用快速免疫测定法检测抗原以诊断 SARS-CoV-2 感染”“安全管理 COVID-19 尸体，预防和控制感染”“在货船和渔船上促进应对 COVID-19 的公共卫生措施”“酒店和住宿行业其他实体的 2019 冠状病毒病（COVID-19）管理”“关于在 2019 冠状病毒病（COVID-19）疫情期间社区儿童使用口罩的建议”等；“防护知识”共检索 648 条数据，如“口罩应该这么戴”“疫情带来的思考：健康的饮食习惯”“正确使用消毒剂指南”“心理调适实用方法之腹式呼吸”“心理调适实用方法之着陆技术”等。

第六章 展 望

生物技术基地平台是汇聚科技创新、产业发展的核心载体，是激发重大原创性成果的主要策源地，是孵化前沿研究团队和培育高层次领军人才的重要平台，是保障人民生命健康、拉动经济增长的必要依托。要抢占全球生物技术发展的战略机遇期，提升国家生物技术研究与应用的综合竞争力，必须建设一流的生物技术基地平台。

在党和政府的高度重视与政策支持下，我国生物技术基地平台建设取得了长足的进步，现已建成国家生物技术基地平台 986 家，包括科学与工程研究类基地平台 136 家，技术创新与成果转化类基地平台 531 家，基础支撑与条件保障类基地平台 319 家；建成地方生物技术基地平台 1895 家。形成了定位清晰、功能互补、空间集中、运转良好、互为支撑的发展新格局，在我国生物技术创新研究、产业发展，特别是在抗击新冠肺炎疫情的决胜攻坚战中，发挥了重要作用。

与此同时，在总结已经取得的建设成效时，还必须清醒地认识到我国的生物技术基地平台建设，相比美国、日本等发达国家，距离国家生物技术创新发展的战略需要，在经费投入、条件保障、运行机制、人才队伍创新能力、重大理论和产业突破等方面还有差距和不足。要实现我国生物技术基地平台建设从量的积累向质的飞跃、从点的突破向综合能力全面提升的转型升级，应把握生物技术基地平台建设的未来发展趋势，统筹规划，精准定位，科学制定加强和改进我国生物技术基地平台建设的实施路径。

一、科学布局系统架构，统筹规划中国特色生物技术基地平台建设的发展框架

一是加强战略部署，在国家层面加大生物技术基地平台建设的顶层设计与系统布局，对不同类型基地平台建立分类评估和淘汰机制。对现有基地平台进行优化布局，结合“面向世界科技前沿、面向经济主战场、面向国家重大需求、面向人民

生命健康”的需求，发挥体制优势，持续部署和重点支持学科交叉、综合集成的新型生物技术基地平台建设。二是强化宏观调控，为进一步平衡基地平台的建设与发展，在综合布局、统筹规划、重点投入的同时，充分运用多种调控手段与政策杠杆，创新科研组织方式，促进跨部门、跨领域、跨区域的平台合作与技术帮扶，协同推进东西部地区共建基地平台、共享高端人才、共创事业空间。三是提高基地平台精细化管理水平，理顺不同层次、不同类别基地平台的管理体制与运行机制，建立规范、科学的协调服务体系，鼓励各基地平台先试先行，大胆探索运转灵活、高效协同的分类分级运行模式。

二、深化改革释放活力，切实提升科学与工程研究类基地平台的原始创新能力

一是完善发展布局，强化基地平台建设的需求导向和问题导向，超前布局可能引发生物技术重大变革的基础研究与应用研究，聚焦解决生物技术核心关键问题、实现重大理论技术突破，引领世界生物技术前沿水平。二是规划部署建设若干体现国家意志、实现国家使命、代表国家水平的生物技术领域国家实验室，针对生物技术前沿领域基地平台布局不足的问题，尽快部署新建一批生物技术前沿领域国家重点实验室，强化基础研究和原始创新能力。三是深化科研评价制度改革，以激发创新原动力为目标，在编制管理、职务晋升、业绩考核等方面构建符合基地平台建设发展实际的分类评价体系，引进培养和凝聚一批生物技术前沿领域领军人才。

三、优化布局完善功能，着力激发技术创新与成果转化类基地平台的创新活力

一是强调特色发展，结合不同地区实际，优化基地平台的发展结构与综合布局，引导企业加大投入，支持生物技术发达地区加快结构升级、提升技术外溢和创新辐射能力，扶持中西部地区培育符合地区特色的基地平台，为企业创新提供原动力。二是突出协同发展，主动衔接生物技术创新的供给端、需求端，推进产学研协同的供给侧结构性改革，实现基础研究、技术创新、产业开发与市场需求的无缝连接，孵化富有特色的生物技术研发集群与产业集群，释放创新原动力。三是创新体

制机制，构建高校、科研院所、医疗机构、科创企业及风投机构等多主体协同的合作生态，提高生物技术成果转化率，有效衔接生物技术研发链、技术应用创新链、市场运营产品链及调动主体活力的政策链、资金链，打造产学研应用协作的生物技术基地平台创新发展体系。

四、夯实基础补足短板，努力提升基础支撑与条件保障类基地平台的服务能力

一是强化国家基础支撑与条件保障类基地平台的能力建设，充分发挥生物种质资源库、人类遗传资源库、大型科学仪器中心、重大科技基础设施及国家科学数据中心在我国生物技术创新和生物产业发展中的支撑与保障潜能，并以国际一流基地平台为建设基准，在基础设施、服务功能、队伍建设、平台支撑等方面强化内涵发展与质量提高，积极发挥专业优势，主动拓展服务范围、提升服务水准，努力扩大辐射力、影响力。二是加大地方基础支撑与条件保障类基地平台的建设投入与业务指导，结合地方实际，建设一批运转灵活、建设高效的新型基础支撑与条件保障类基地平台，不断提升地方生物技术基础支撑与条件保障能力建设水平，实现地方基地平台与国家基地平台生物技术创新的条件保障与技术支撑的整体发展。三是加强生物技术数据基础设施建设，建设具有国际影响力、自主可控的国际级权威数据库、资源库，形成特色鲜明的地方生物技术数据库和资源库，鼓励生物技术大数据开发应用，支撑更多世界领先水平的重大科学发现和原创性技术突破。

附录　国家级生物技术基地平台目录

附录 1　国家重点实验室目录

序号	基地平台名称	依托单位	所在地区
1	蛋白质与植物基因研究国家重点实验室	北京大学	北京市
2	天然药物与仿生药物国家重点实验室	北京大学	北京市
3	认知神经科学与学习国家重点实验室	北京师范大学	北京市
4	传染病预防控制国家重点实验室	中国疾病预防控制中心	北京市
5	干细胞与生殖生物学国家重点实验室	中国科学院动物研究所	北京市
6	农业虫害鼠害综合治理研究国家重点实验室	中国科学院动物研究所	北京市
7	膜生物学国家重点实验室	中国科学院动物研究所、清华大学、北京大学	北京市
8	生化工程国家重点实验室	中国科学院过程工程研究所	北京市
9	生物大分子国家重点实验室	中国科学院生物物理研究所	北京市
10	脑与认知科学国家重点实验室	中国科学院生物物理研究所	北京市
11	微生物资源前期开发国家重点实验室	中国科学院微生物研究所	北京市
12	真菌学国家重点实验室	中国科学院微生物研究所	北京市
13	植物基因组学国家重点实验室	中国科学院微生物研究所、中国科学院遗传与发育生物学研究所	北京市

续表

序号	基地平台名称	依托单位	所在地区
14	植物细胞与染色体工程国家重点实验室	中国科学院遗传与发育生物学研究所	北京市
15	分子发育生物学国家重点实验室	中国科学院遗传与发育生物学研究所	北京市
16	系统与进化植物学国家重点实验室	中国科学院植物研究所	北京市
17	林木遗传育种国家重点实验室	中国林业科学研究院、东北林业大学	北京市
18	农业生物技术国家重点实验室	中国农业大学	北京市
19	植物生理学与生物化学国家重点实验室	中国农业大学、浙江大学	北京市
20	动物营养学国家重点实验室	中国农业大学、中国农业科学院北京畜牧兽医研究所	北京市
21	植物病虫害生物学国家重点实验室	中国农业科学院植物保护研究所	北京市
22	病原微生物生物安全国家重点实验室	军事科学院军事医学研究院	北京市
23	蛋白质组学国家重点实验室	军事科学院军事医学研究院	北京市
24	肾脏疾病国家重点实验室	中国人民解放军总医院	北京市
25	心血管疾病国家重点实验室	中国医学科学院阜外心血管病医院	北京市
26	医学分子生物学国家重点实验室	中国医学科学院基础医学研究所	北京市
27	天然药物活性物质与功能国家重点实验室	中国医学科学院药物研究所	北京市
28	分子肿瘤学国家重点实验室	中国医学科学院肿瘤医院肿瘤研究所	北京市
29	药物化学生物学国家重点实验室	南开大学	天津市
30	实验血液学国家重点实验室	中国医学科学院血液病医院血液学研究所	天津市
31	兽医生物技术国家重点实验室	中国农业科学院哈尔滨兽医研究所	黑龙江省
32	遗传工程国家重点实验室	复旦大学	上海市
33	医学神经生物学国家重点实验室	复旦大学	上海市
34	微生物代谢国家重点实验室	上海交通大学	上海市

续表

序号	基地平台名称	依托单位	所在地区
35	医学基因组学国家重点实验室	上海交通大学	上海市
36	癌基因与相关基因国家重点实验室	上海市肿瘤研究所	上海市
37	植物分子遗传国家重点实验室	中国科学院上海生命科学研究院	上海市
38	细胞生物学国家重点实验室	中国科学院上海生命科学研究院	上海市
39	神经科学国家重点实验室	中国科学院上海生命科学研究院	上海市
40	分子生物学国家重点实验室	中国科学院上海生命科学研究院	上海市
41	新药研究国家重点实验室	中国科学院上海药物研究所	上海市
42	医学免疫学国家重点实验室	中国人民解放军海军军医大学	上海市
43	医药生物技术国家重点实验室	南京大学	江苏省
44	作物遗传与种质创新国家重点实验室	南京农业大学	江苏省
45	生殖医学国家重点实验室	南京医科大学	江苏省
46	天然药物活性组分与药效国家重点实验室	中国药科大学	江苏省
47	传染病诊治国家重点实验室	浙江大学	浙江省
48	水稻生物学国家重点实验室	中国水稻研究所、浙江大学	浙江省
49	细胞应激生物学国家重点实验室	厦门大学	福建省
50	微生物技术国家重点实验室	山东大学	山东省
51	作物生物学国家重点实验室	山东农业大学	山东省
52	棉花生物学国家重点实验室	中国农业科学院棉花研究所、 河南大学	河南省
53	作物遗传改良国家重点实验室	华中农业大学	湖北省
54	农业微生物学国家重点实验室	华中农业大学	湖北省
55	病毒学国家重点实验室	武汉大学、中国科学院武汉病毒研究所	湖北省

续表

序号	基地平台名称	依托单位	所在地区
56	淡水生态与生物技术国家重点实验室	中国科学院水生生物研究所	湖北省
57	呼吸疾病国家重点实验室	广州医科大学	广东省
58	眼科学国家重点实验室	中山大学	广东省
59	华南肿瘤学国家重点实验室	中山大学	广东省
60	有害生物控制与资源利用国家重点实验室	中山大学	广东省
61	家蚕基因组生物学国家重点实验室	西南大学	重庆市
62	创伤、烧伤与复合伤研究国家重点实验室	中国人民解放军陆军军医大学	重庆市
63	生物治疗国家重点实验室	四川大学	四川省
64	口腔疾病研究国家重点实验室	四川大学	四川省
65	遗传资源与进化国家重点实验室	中国科学院昆明动物研究所	云南省
66	植物化学与西部植物资源持续利用国家重点实验室	中国科学院昆明植物研究所	云南省
67	旱区作物逆境生物学国家重点实验室	西北农林科技大学	陕西省
68	肿瘤生物学国家重点实验室	中国人民解放军空军军医大学	陕西省
69	草地农业生态系统国家重点实验室	兰州大学	甘肃省
70	家畜疫病病原生物学国家重点实验室	中国农业科学院兰州兽医研究所	甘肃省
71	亚热带农业生物资源保护与利用国家重点实验室	广西大学、华南农业大学	广西壮族自治区、广东省
72	杂交水稻国家重点实验室	湖南杂交水稻研究中心、武汉大学	湖南省、湖北省
73	食品科学技术国家重点实验室	江南大学、南昌大学	江苏省、江西省

注：其中部分国家重点实验室涉及跨地域布局。

附录 2　省部共建国家重点实验室目录

序号	基地平台名称	依托单位	所在地区
1	省部共建食品营养与安全国家重点实验室	天津科技大学	天津市
2	省部共建组分中药国家重点实验室	天津中医药大学	天津市
3	省部共建华北作物改良与调控国家重点实验室	河北农业大学	河北省
4	省部共建草原家畜生殖调控与繁育国家重点实验室	内蒙古大学	内蒙古自治区
5	省部共建放射医学与辐射防护国家重点实验室	苏州大学	江苏省
6	省部共建亚热带森林培育国家重点实验室	浙江农林大学	浙江省
7	省部共建茶树生物学与资源利用国家重点实验室	安徽农业大学	安徽省
8	省部共建分子疫苗学和分子诊断学国家重点实验室	厦门大学	福建省
9	省部共建闽台作物有害生物生态防控国家重点实验室	福建农林大学	福建省
10	省部共建猪遗传改良与养殖技术国家重点实验室	江西农业大学	江西省
11	省部共建生物基材料与绿色造纸国家重点实验室	齐鲁工业大学	山东省
12	省部共建生物多糖纤维成形与生态纺织国家重点实验室	青岛大学	山东省
13	省部共建小麦玉米作物学国家重点实验室	河南农业大学	河南省
14	省部共建作物逆境适应与改良国家重点实验室	河南大学	河南省
15	省部共建食管癌防治国家重点实验室	郑州大学	河南省
16	省部共建生物催化与酶工程国家重点实验室	湖北大学	湖北省
17	省部共建淡水鱼类发育生物学国家重点实验室	湖南师范大学	湖南省
18	省部共建木本油料资源利用国家重点实验室	湖南省林业科学院	湖南省
19	省部共建器官衰竭防治国家重点实验室	南方医科大学	广东省

续表

序号	基地平台名称	依托单位	所在地区
20	省部共建华南应用微生物国家重点实验室	广东省微生物研究所	广东省
21	省部共建肿瘤化学基因组学国家重点实验室	北京大学深圳研究生院 / 清华大学深圳研究生院	广东省
22	省部共建中医湿证国家重点实验室	广州中医药大学	广东省
23	省部共建南海海洋资源利用国家重点实验室	海南大学	海南省
24	省部共建超声医学工程国家重点实验室	重庆医科大学	重庆市
25	省部共建药用植物功效与利用国家重点实验室	贵州医科大学	贵州省
26	省部共建云南生物资源保护与利用国家重点实验室	云南大学、云南农业大学	云南省
27	省部共建青稞和牦牛种质资源与遗传改良国家重点实验室	西藏自治区农牧科学院	西藏自治区
28	省部共建西北旱区生态水利国家重点实验室	西安理工大学	陕西省
29	省部共建三江源生态与高原农牧业国家重点实验室	青海大学	青海省
30	省部共建绵羊遗传改良与健康养殖国家重点实验室	新疆农垦科学院	新疆维吾尔自治区
31	省部共建中亚高发病成因与防治国家重点实验室	新疆医科大学	新疆维吾尔自治区

附录 3　企业国家重点实验室目录

序号	基地平台名称	依托单位	所在地区
1	饲用微生物工程国家重点实验室	北京大北农科技集团股份有限公司	北京市
2	作物育种技术创新与集成国家重点实验室	中国种子集团有限公司	北京市
3	蔬菜种质创新国家重点实验室	天津科润农业科技股份有限公司	天津市
4	创新中药关键技术国家重点实验室	天士力制药集团股份有限公司	天津市
5	释药技术与药代动力学国家重点实验室	天津药物研究院	天津市
6	抗体药物研制国家重点实验室	华北制药集团新药研究开发有限责任公司	河北省
7	络病研究与创新中药国家重点实验室	石家庄以岭药业股份有限公司	河北省
8	新型药物制剂与辅料国家重点实验室	石药控股集团有限公司	河北省
9	玉米生物育种国家重点实验室	辽宁东亚种业有限公司	辽宁省
10	新农药创制与开发国家重点实验室	沈阳化工研究院	辽宁省
11	乳业生物技术国家重点实验室	光明乳业股份有限公司	上海市
12	创新药物与制药工艺国家重点实验室	上海医药工业研究院	上海市
13	抗体药物与靶向治疗国家重点实验室	上海张江生物技术有限公司	上海市
14	药物先导化合物研究国家重点实验室	上海药明康德新药开发有限公司	上海市
15	药物制剂新技术国家重点实验室	扬子江药业集团有限公司	江苏省
16	中药制药过程新技术国家重点实验室	江苏康缘药业股份有限公司	江苏省
17	转化医学与创新药物国家重点实验室	江苏先声药业有限公司	江苏省
18	大黄鱼育种国家重点实验室	福建福鼎海鸥水产食品有限公司	福建省
19	肉食品安全生产技术国家重点实验室	厦门银祥集团有限公司	福建省

续表

序号	基地平台名称	依托单位	所在地区
20	创新天然药物与中药注射剂国家重点实验室	江西青峰药业有限公司	江西省
21	创新药物与高效节能降耗制药设备国家重点实验室	江西江中制药（集团）有限责任公司、江西本草天工科技有限责任公司	江西省
22	动物基因工程疫苗国家重点实验室	青岛易邦生物工程有限公司	山东省
23	海藻活性物质国家重点实验室	青岛明月海藻集团有限公司	山东省
24	啤酒生物发酵工程国家重点实验室	青岛啤酒股份有限公司	山东省
25	长效和靶向制剂国家重点实验室	山东绿叶制药有限公司	山东省
26	中药制药共性技术国家重点实验室	鲁南制药集团股份有限公司	山东省
27	畜禽育种国家重点实验室	广东省农业科学院畜牧研究所	广东省
28	农业基因组学国家重点实验室	深圳华大基因研究院	广东省
29	抗感染新药研发国家重点实验室	广东东阳光药业有限公司	广东省
30	藏药新药开发国家重点实验室	青海金诃藏医药集团有限公司	青海省
31	种苗生物工程国家重点实验室	宁夏林业研究院股份有限公司	宁夏回族自治区

附录 4　国家工程研究中心目录

序号	基地平台名称	依托单位	所在地区
1	生物芯片北京国家工程研究中心	北京博奥生物芯片公司	北京市
2	病毒生物技术国家工程研究中心	北京凯因生物技术公司	北京市
3	新型疫苗国家工程研究中心	北京微谷生物医药有限公司	北京市
4	蛋白质药物国家工程研究中心	北京正旦国际科技公司	北京市
5	中药复方新药开发国家工程研究中心	北京中研同仁堂医药公司	北京市
6	生物饲料开发国家工程研究中心	中国农业科学院饲料研究所等	北京市
7	细胞产品国家工程研究中心	天津昂赛细胞基因工程公司	天津市
8	农药天津国家工程研究中心	南开大学	天津市
9	微生物药物国家工程研究中心	华北制药集团新药公司	河北省
10	农药沈阳国家工程研究中心	沈阳化工研究院	辽宁省
11	大豆国家工程研究中心	吉林东创大豆科技发展公司	吉林省
12	动物用生物制品国家工程研究中心	中国农业科学院哈尔滨兽医研究所等	黑龙江省
13	组织工程国家工程研究中心	上海国睿生命科技有限公司	上海市
14	抗体药物国家工程研究中心	上海抗体药物国家工程研究中心有限公司	上海市
15	纳米技术及应用国家工程研究中心	上海纳米技术及应用公司	上海市
16	生物芯片上海国家工程研究中心	上海生物芯片有限公司	上海市
17	药物制剂国家工程研究中心	上海现代药物制剂有限公司	上海市
18	发酵技术国家工程研究中心	江南大学	江苏省
19	中药制药工艺技术国家工程研究中心	南京海陵中药制药工艺公司	江苏省

续表

序号	基地平台名称	依托单位	所在地区
20	发酵技术国家工程研究中心	安徽丰原集团有限公司	安徽省
21	中药固体制剂制造技术国家工程研究中心	江西中医药大学	江西省
22	微生物农药国家工程研究中心	华中农业大学	湖北省
23	人类干细胞国家工程研究中心	湖南海利惠霖生命科技公司	湖南省
24	基因工程药物国家工程研究中心	广东暨大基因药物公司	广东省
25	南海海洋生物技术国家工程研究中心	广东中大南海海洋生物公司	广东省
26	中药提取分离过程现代化国家工程研究中心	广州汉方现代中药公司	广东省
27	手性药物国家工程研究中心	成都凯丽手性技术有限公司	四川省
28	农业生物多样性应用技术国家工程研究中心	云南农业大学	云南省
29	西部植物化学国家工程研究中心	杨凌西部植物化学公司	陕西省

附录 5　国家技术创新中心目录

序号	基地平台名称	依托单位	所在地区
1	国家合成生物技术创新中心	中国科学院天津工业生物技术研究所	天津市

附录 6　国家工程技术研究中心目录

序号	基地平台名称	依托单位	所在地区
1	国家蛋品工程技术研究中心	北京德青源农业科技股份有限公司	北京市
2	国家花卉工程技术研究中心	北京林业大学	北京市
3	国家母婴乳品健康工程技术研究中心	北京三元股份有限公司	北京市
4	国家蔬菜工程技术研究中心	北京市农林科学院	北京市
5	国家淡水渔业工程技术研究中心	北京市水产科学研究所	北京市
6	国家奶牛胚胎工程技术研究中心	北京首都农业集团公司	北京市
7	国家作物分子设计工程技术研究中心	北京未名凯拓农业生物技术有限公司	北京市
8	国家生物防护装备工程技术研究中心	军事科学院军事医学研究院	北京市
9	国家应急防控药物工程技术研究中心	军事科学院军事医学研究院	北京市
10	国家心脏病植介入诊疗器械及设备工程技术研究中心	乐普（北京）医疗器械股份有限公司	北京市
11	国家眼科诊断与治疗设备工程技术研究中心	首都医科大学附属北京同仁医院	北京市
12	国家生化工程技术研究中心	中国科学院过程工程研究所	北京市
13	国家果蔬加工工程技术研究中心	中国农业大学	北京市
14	国家饲料工程技术研究中心	中国农业大学、中国农业科学院饲料研究所	北京市
15	国家肉类加工工程技术研究中心	中国肉类食品综合研究中心	北京市
16	国家新药开发工程技术研究中心	中国医学科学院药物研究所	北京市
17	国家棉花加工工程技术研究中心	中棉工业有限责任公司	北京市
18	国家粳稻工程技术研究中心	天津天隆农业科技有限公司	天津市
19	国家干细胞工程技术研究中心	中国医学科学院血液学研究所	天津市

续表

序号	基地平台名称	依托单位	所在地区
20	国家海洋食品工程技术研究中心	大连工业大学	辽宁省
21	国家数字化医学影像设备工程技术研究中心	东软集团股份有限公司	辽宁省
22	国家中成药工程技术研究中心	辽宁华润本溪三药有限公司	辽宁省
23	国家大豆工程技术研究中心	吉林省农业科学院	吉林省
24	国家玉米工程技术研究中心	吉林省农业科学院	吉林省
25	国家乳业工程技术研究中心	东北农业大学	黑龙江省
26	国家大豆工程技术研究中心	东北农业大学	黑龙江省
27	国家杂粮工程技术研究中心	黑龙江省八一农垦大学、大庆中禾粮食股份有限公司	黑龙江省
28	国家生化工程技术研究中心	华东理工大学	上海市
29	国家抗艾滋病病毒药物工程技术研究中心	上海迪赛诺药业有限公司	上海市
30	国家家禽工程技术研究中心	上海市家禽育种有限公司	上海市
31	国家食用菌工程技术研究中心	上海市农业科学院	上海市
32	国家中药制药工程技术研究中心	上海市中药制药技术有限公司	上海市
33	国家卫生信息共享技术及应用工程技术研究中心	万达信息股份有限公司、上海申康医院发展中心	上海市
34	国家功能食品工程技术研究中心	江南大学	江苏省
35	国家靶向药物工程技术研究中心	江苏恒瑞医药股份有限公司	江苏省
36	国家兽用生物制品工程技术研究中心	江苏省农业科学院、南京天邦生物科技公司	江苏省
37	国家有机类肥料工程技术研究中心	江苏新天地生物肥料工程中心有限公司、南京农业大学	江苏省
38	国家生化工程技术研究中心	南京工业大学	江苏省
39	国家肉品质量安全控制工程技术研究中心	南京农业大学、江苏雨润食品产业集团有限公司	江苏省
40	国家桑蚕茧丝产业工程技术研究中心	鑫缘茧丝绸集团股份有限公司	江苏省

续表

序号	基地平台名称	依托单位	所在地区
41	国家眼视光工程技术研究中心	温州医科大学	浙江省
42	国家化学原料药合成工程技术研究中心	浙江工业大学	浙江省
43	国家茶产业工程技术研究中心	中国农业科学院茶叶研究所	浙江省
44	国家黄酒工程技术研究中心	中国绍兴黄酒集团有限公司	浙江省
45	国家茶叶质量安全工程技术研究中心	福建安溪铁观音集团股份有限公司	福建省
46	国家甘蔗工程技术研究中心	福建农林大学	福建省
47	国家菌草工程技术研究中心	福建农林大学	福建省
48	国家传染病诊断试剂与疫苗工程技术研究中心	厦门大学、养生堂有限公司	福建省
49	国家脐橙工程技术研究中心	赣南师范学院	江西省
50	国家单糖化学合成工程技术研究中心	江西师范大学	江西省
51	国家玉米工程技术研究中心	山东登海种业股份有限公司	山东省
52	国家马铃薯工程技术研究中心	乐陵希森马铃薯产业集团有限公司	山东省
53	国家手性制药工程技术研究中心	鲁南制药集团股份有限公司	山东省
54	国家兽用药品工程技术研究中心	洛阳惠中兽药有限公司	山东省
55	国家动物用保健品工程技术研究中心	青岛蔚蓝生物股份有限公司	山东省
56	国家辅助生殖与优生工程技术研究中心	山东大学	山东省
57	国家糖工程技术研究中心	山东大学	山东省
58	国家胶类中药工程技术研究中心	山东东阿阿胶股份有限公司	山东省
59	国家海藻与海参工程技术研究中心	山东东方海洋科技股份有限公司	山东省
60	国家苹果工程技术研究中心	山东农业大学	山东省
61	国家花生工程技术研究中心	山东省花生研究所	山东省

续表

序号	基地平台名称	依托单位	所在地区
62	国家海产贝类工程技术研究中心	威海长青海洋科技股份有限公司	山东省
63	国家海洋药物工程技术研究中心	中国海洋大学	山东省
64	国家小麦工程技术研究中心	河南农业大学	河南省
65	国家淡水渔业工程技术研究中心	中国科学院水生生物研究所	湖北省
66	国家生物农药工程技术研究中心	湖北省农业科学院	湖北省
67	国家纳米药物工程技术研究中心	华中科技大学	湖北省
68	国家家畜工程技术研究中心	华中农业大学、湖北省农业科学院	湖北省
69	国家油菜工程技术研究中心	华中农业大学、中国农业科学院油料作物研究所	湖北省
70	国家联合疫苗工程技术研究中心	武汉生物制品研究所有限责任公司	湖北省
71	国家药用辅料工程技术研究中心	湖南尔康制药股份有限公司	湖南省
72	国家农药创制工程技术研究中心	湖南化工研究院	湖南省
73	国家植物功能成分利用工程技术研究中心	湖南农业大学	湖南省
74	国家油茶工程技术研究中心	湖南省林业科学院	湖南省
75	国家杂交水稻工程技术研究中心	湖南杂交水稻研究中心	湖南省
76	国家医疗保健器具工程技术研究中心	广东省医疗器械研究所	广东省
77	国家中药现代化工程技术研究中心	广州中医药大学、珠海丽珠医药集团股份有限公司	广东省
78	国家人体组织功能重建工程技术研究中心	华南理工大学	广东省
79	国家植物航天育种工程技术研究中心	华南农业大学	广东省
80	国家生猪种业工程技术研究中心	华南农业大学、广东温氏食品集团有限公司	广东省
81	国家生化工程技术研究中心	深圳大学	广东省
82	国家医用诊断仪器工程技术研究中心	深圳迈瑞生物医疗电子股份有限公司	广东省

续表

序号	基地平台名称	依托单位	所在地区
83	国家非粮生物质能源工程技术研究中心	广西科学院	广西壮族自治区
84	国家重要热带作物工程技术研究中心	中国热带农业科学院	海南省
85	国家柑桔工程技术研究中心	中国农业科学院柑桔研究所、重庆三峡建设集团有限公司	重庆市
86	国家免疫生物制品工程技术研究中心	中国人民解放军陆军军医大学	重庆市
87	国家固态酿造工程技术研究中心	泸州老窖股份有限公司	四川省
88	国家生物医学材料工程技术研究中心	四川大学	四川省
89	国家大容量注射剂工程技术研究中心	四川科伦药业股份有限公司	四川省
90	国家天然药物工程技术研究中心	中国科学院成都生物研究所、成都地奥制药集团有限公司	四川省
91	国家苗药工程技术研究中心	贵州益佰制药股份有限公司	贵州省
92	国家观赏园艺工程技术研究中心	云南省农业科学院	云南省
93	国家微检测工程技术研究中心	西北大学、陕西北美基因股份有限公司	陕西省
94	杨凌农业生物技术育种中心	西北农林科技大学	陕西省
95	国家经济林木种苗快繁工程技术研究中心	宁夏林业研究所股份有限公司	宁夏回族自治区
96	国家枸杞工程技术研究中心	宁夏农林科学院	宁夏回族自治区
97	国家棉花工程技术研究中心	新疆农业科学院、新疆农垦科学院	新疆维吾尔自治区
98	国家瓜类工程技术研究中心	新疆西域实业集团有限责任公司	新疆维吾尔自治区

附录 7　国家临床医学研究中心目录

序号	疾病类型	依托单位	所在地区
1	心血管疾病	中国医学科学院阜外心血管病医院	北京市
2	心血管疾病	首都医科大学附属北京安贞医院	北京市
3	神经系统疾病	首都医科大学附属北京天坛医院	北京市
4	慢性肾病	中国人民解放军总医院	北京市
5	恶性肿瘤	中国医学科学院肿瘤医院	北京市
6	呼吸系统疾病	北京医院	北京市
7	呼吸系统疾病	首都医科大学附属北京儿童医院	北京市
8	精神心理疾病	北京大学第六医院	北京市
9	精神心理疾病	首都医科大学附属北京安定医院	北京市
10	妇产疾病	中国医学科学院北京协和医院	北京市
11	妇产疾病	北京大学第三医院	北京市
12	消化系统疾病	首都医科大学附属北京友谊医院	北京市
13	口腔疾病	北京大学口腔医院	北京市
14	老年疾病	中国人民解放军总医院	北京市
15	老年疾病	北京医院	北京市
16	老年疾病	首都医科大学宣武医院	北京市
17	感染性疾病	中国人民解放军总医院第五医学中心	北京市
18	骨科与运动康复	中国人民解放军总医院	北京市
19	眼耳鼻喉疾病	中国人民解放军总医院	北京市

续表

序号	疾病类型	依托单位	所在地区
20	皮肤与免疫疾病	北京大学第一医院	北京市
21	皮肤与免疫疾病	中国医学科学院北京协和医院	北京市
22	血液系统疾病	北京大学人民医院	北京市
23	中医	中国中医科学院西苑医院	北京市
24	中医	天津中医药大学第一附属医院	北京市
25	恶性肿瘤	天津医科大学附属肿瘤医院	天津市
26	血液系统疾病	中国医学科学院血液病医院	天津市
27	医学检验	中国医科大学附属第一医院	辽宁省
28	代谢性疾病	上海交通大学医学院附属瑞金医院	上海市
29	消化系统疾病	中国人民解放军海军军医大学长海医院	上海市
30	口腔疾病	上海交通大学医学院附属第九人民医院	上海市
31	老年疾病	复旦大学附属华山医院	上海市
32	眼耳鼻喉疾病	上海市第一人民医院	上海市
33	放射与治疗	复旦大学附属中山医院	上海市
34	慢性肾病	中国人民解放军南京军区南京总医院	江苏省
35	血液系统疾病	苏州大学附属第一医院	江苏省
36	感染性疾病	浙江大学附属第一医院	浙江省
37	儿童健康与疾病	浙江大学医学院附属儿童医院	浙江省
38	眼耳鼻喉疾病	温州医科大学附属眼视光医院	福建省
39	妇产疾病	华中科技大学同济医学院附属同济医院	湖北省
40	代谢性疾病	中南大学湘雅二医院	湖南省

续表

序号	疾病类型	依托单位	所在地区
41	精神心理疾病	中南大学湘雅二医院	湖南省
42	老年疾病	中南大学湘雅医院	湖南省
43	慢性肾病	南方医科大学南方医院	广东省
44	呼吸系统疾病	广州医学院第一附属医院	广东省
45	感染性疾病	深圳市第三人民医院	广东省
46	儿童健康与疾病	重庆医科大学附属儿童医院	重庆市
47	口腔疾病	四川大学华西口腔医院	四川省
48	老年疾病	四川大学华西医院	四川省
49	消化系统疾病	中国人民解放军空军军医大学西京医院	陕西省
50	口腔疾病	中国人民解放军空军军医大学口腔医院	陕西省

附录8　国家国际科技合作基地目录

序号	名称	研究领域	所在地区	依托单位	机构性质
1	北京国家生物医药国际创新园	生物医药	北京市	北京经济技术开发区管理委员会	国际创新园
2	国家生物医药国际创新园	生物医药	天津市	国家生物医药国际创新园	国际创新园
3	厦门国家健康产业国际创新园	分子诊断	福建省	泰普生物科学（中国）有限公司	国际创新园
4	南昌国家医药国际创新园	生物医药	江西省	南昌高新技术产业开发区管理委员会	国际创新园
5	海口国家绿色科技产业国际创新园	生物医药	海南省	海口国家高新区管委会	国际创新园
6	干细胞国际联合研究中心	医学	北京市	北京大学	国际联合研究中心
7	口腔医学国际联合研究中心	医学	北京市	北京大学口腔医学院	国际联合研究中心
8	转化医学与临床研究国际联合研究中心	医学	北京市	北京大学医学部	国际联合研究中心
9	蛋白质组学国际联合研究中心	生物学	北京市	北京蛋白质组研究中心	国际联合研究中心
10	空天生物工程国际联合研究中心	生物医学工程	北京市	北京航空航天大学生物与医学工程学院	国际联合研究中心
11	中美口腔干细胞国际联合研究中心	生物医学工程	北京市	北京泰盛生物科技有限公司	国际联合研究中心
12	中医药防治糖尿病国际联合研究中心	医学	北京市	北京中医药大学	国际联合研究中心
13	儿童健康发展国际联合研究中心	医学	北京市	首都医科大学附属北京儿童医院	国际联合研究中心
14	艾滋病和新发再发传染病合作基地	医学	北京市	中国疾病预防控制中心	国际联合研究中心
15	微生物国际研发中心	生物学	北京市	中国科学院微生物研究所	国际联合研究中心
16	机器人微创心血管外科国际联合研究中心	医学	北京市	中国人民解放军总医院	国际联合研究中心

续表

序号	名称	研究领域	所在地区	依托单位	机构性质
17	中德发酵酒品质与安全国际联合研究中心	食品科学	北京市	中国食品发酵工业研究院	国际联合研究中心
18	食品真实性技术国际联合研究中心	食品科学	北京市	中国食品发酵工业研究院	国际联合研究中心
19	中德分子生物学合作研究基地	医学	北京市	中国医学科学院阜外心血管病医院	国际联合研究中心
20	中澳中医药国际联合研究中心	药物	北京市	中国中医科学院西苑医院	国际联合研究中心
21	生物物理国际联合研究中心	生物学	北京市	中国科学院生物物理所	国际联合研究中心
22	创新药物国际联合研究中心	药物	天津市	天津天士力集团有限公司	国际联合研究中心
23	中意中医药联合实验室	药物	天津市	中意中医药联合实验室	国际联合研究中心
24	分子中医药学国际联合研究中心	药物	山西省	山西中医学院	国际联合研究中心
25	基因工程模式动物国际联合研究中心	医学	辽宁省	大连医科大学	国际联合研究中心
26	细胞治疗国际联合研究中心	医学	北京市	中国科学院动物研究所	国际联合研究中心
27	人类干细胞库国际联合研究中心	生物医学工程	吉林省	东北师范大学	国际联合研究中心
28	微结构化学国际联合研究中心	化学	吉林省	吉林大学	国际联合研究中心
29	催化技术国际联合研究中心	化学	黑龙江省	黑龙江大学	国际联合研究中心
30	表观遗传医药与人类疾病动物模型国际联合研究中心	医学	吉林省	吉林大学第一医院	国际联合研究中心
31	食用菌新种质资源创制国际联合研究中心	食品科学	吉林省	吉林农业大学	国际联合研究中心
32	系统生物医学国家级国际联合研究中心	医学	上海市	上海交通大学系统生物医学研究院（上海系统生物医学研究中心）	国际联合研究中心
33	干细胞与再生医学国际联合研究中心	医学	上海市	同济大学	国际联合研究中心
34	系统生物学与中药国际合作研发中心	药物	辽宁省	中国科学院大连化学物理研究所	国际联合研究中心

续表

序号	名称	研究领域	所在地区	依托单位	机构性质
35	生命科学国际研发中心	生物学	上海市	中国科学院上海生命科学研究院上海巴斯德研究所	国际联合研究中心
36	发育与疾病国际联合研究中心	医学	上海市	复旦大学	国际联合研究中心
37	热带病国际联合研究中心	医学	上海市	中国疾病预防控制中心寄生虫预防控制所	国际联合研究中心
38	益生菌与肠道健康国际联合研究中心	食品科学	江苏省	江南大学食品学院	国际联合研究中心
39	环境与人类健康国际联合研究中心	医学	江苏省	南京医科大学	国际联合研究中心
40	上海转化医学国际联合研究中心	医学	上海市	上海交通大学医学院	国际联合研究中心
41	基因组资源国际联合研究中心	医学	江苏省	苏州大学剑桥—苏大基因组资源中心	国际联合研究中心
42	上海中医药国际创新园	医学	上海市	上海市生物医药科技产业促进中心	国际联合研究中心
43	再生医学与神经遗传国际联合研究中心	医学	浙江省	温州医科大学	国际联合研究中心
44	生物催化技术国际联合研究中心	生物工程	山东省	青岛蔚蓝生物集团有限公司	国际联合研究中心
45	动物免疫学国际联合研究中心	兽医科学	河南省	河南农业大学牧医学院	国际联合研究中心
46	细胞与基因治疗国际联合研究中心	医学	河南省	郑州大学	国际联合研究中心
47	癌症化学预防国际联合研究中心	医学	河南省	中美（河南）荷美尔肿瘤研究院	国际联合研究中心
48	感知生物技术国际联合研究中心	生物技术	湖北省	华中科技大学分子生物物理教育部重点实验室	国际联合研究中心
49	新生疾病和病毒与病理学国际研发中心	医学	湖北省	中国科学院武汉病毒研究所	国际联合研究中心
50	卫生部肝胆肠外科研究中心	医学	湖南省	长沙人卫医药科技有限公司（属中南大学）	国际联合研究中心

续表

序号	名称	研究领域	所在地区	依托单位	机构性质
51	亚欧水资源研究利用国际联合研究中心	环境科学	湖南省	湖南省水资源研究和利用合作中心筹建办公室	国际联合研究中心
52	动物遗传育种与繁殖国际联合研究中心	农业科学	湖北省	华中农业大学动物科技学院	国际联合研究中心
53	医学代谢组学国际联合研究中心	医学	湖南省	中南大学湘雅医院	国际联合研究中心
54	智能生物传感技术与健康国际联合研究中心	生物医学工程	湖北省	华中师范大学化学学院	国际联合研究中心
55	生物医药与健康国际联合研究中心	药物	广东省	中国科学院广州生物医药与健康研究院	国际联合研究中心
56	转化医学国际联合研究中心	医学	广东省	中山大学	国际联合研究中心
57	生物靶向诊治国际联合研究中心	医学	广西壮族自治区	广西医科大学	国际联合研究中心
58	中—缅区域性重大疾病防治联合研究中心	医学	海南省	海南医学院第一附属医院	国际联合研究中心
59	精准医学生物治疗国际联合研究中心	医学	重庆市	中国人民解放军陆军军医大学	国际联合研究中心
60	口腔疾病国际联合研究中心	医学	四川省	四川大学华西口腔医学院	国际联合研究中心
61	心血管疾病国际联合研究中心	医学	重庆市	中国人民解放军陆军军医大学第三附属医院	国际联合研究中心
62	中亚区域跨境有害生物联合控制国际联合研究中心	环境科学	新疆维吾尔自治区	新疆师范大学	国际联合研究中心
63	新疆肿瘤学国际合作研究中心	医学	新疆维吾尔自治区	新疆医科大学附属肿瘤医院	国际联合研究中心
64	抗体及治疗性疫苗产业化国际科技合作基地	药物	北京市	百泰生物药业有限公司	示范型国际科技合作基地
65	新型抗体及治疗性蛋白药物前沿技术国际科技合作基地	药物	北京市	北京东方百泰生物科技有限公司	示范型国际科技合作基地

续表

序号	名称	研究领域	所在地区	依托单位	机构性质
66	孕妇个体营养国际科技合作基地	食品科学	北京市	北京四海华辰科技有限公司	示范型国际科技合作基地
67	中医药防治重大疾病国际合作研究基地	医学	北京市	北京中医药大学	示范型国际科技合作基地
68	中医药防治疑难疾病国际合作研究基地	医学	北京市	北京中医药大学生命科学学院	示范型国际科技合作基地
69	国际心血管疾病研究基地	医学	北京市	首都医科大学附属北京安贞医院	示范型国际科技合作基地
70	儿童重大疾病国际科技合作基地	医学	北京市	首都医科大学附属北京儿童医院	示范型国际科技合作基地
71	检验检疫国际科技合作基地	生物安全	北京市	中国检疫检验科学研究院	示范型国际科技合作基地
72	食品生物技术国家国际科技合作基地	食品科学	北京市	中国食品发酵工业研究院	示范型国际科技合作基地
73	中国中医科学院国际科技合作基地	医学	北京市	中国中医科学院	示范型国际科技合作基地
74	肿瘤免疫与生物疫苗国际科技合作基地	药物	天津市	南开大学	示范型国际科技合作基地
75	光学与光子学国际科技合作基地	生物物理	天津市	南开大学	示范型国际科技合作基地
76	合成生物技术国际科技合作基地	生物工程	天津市	天津大学	示范型国际科技合作基地
77	食品营养与安全和药物化学国际科技合作基地	食品科学	天津市	天津科技大学	示范型国际科技合作基地
78	大健康生物技术国际科技合作基地	生命科学	天津市	天津科技大学	示范型国际科技合作基地
79	天津国际生物医药联合研究院国际科技合作基地	药物	天津市	天津市国际生物医药联合研究院	示范型国际科技合作基地
80	脊髓损伤国际科技合作基地	医学	天津市	天津医科大学总医院	示范型国际科技合作基地
81	天津工业生物技术国际科技合作基地	生物工程	天津市	中国科学院天津工业生物技术研究所	示范型国际科技合作基地
82	老年医学国际科技合作基地	医学	河北省	河北联合大学	示范型国际科技合作基地
83	河北医科大学第四医院国际科技合作基地	医学	河北省	河北医科大学第四医院	示范型国际科技合作基地

续表

序号	名称	研究领域	所在地区	依托单位	机构性质
84	微生物和生物技术创新药物研发国际科技合作基地	药物	河北省	华北制药集团新药研究开发有限责任公司	示范型国际科技合作基地
85	中医药国际科技合作基地	药物	河北省	石家庄以岭药业股份有限公司	示范型国际科技合作基地
86	多糖类生物医学材料国际科技合作基地	生物医学工程	河北省	石家庄亿生堂医用品有限公司	示范型国际科技合作基地
87	石药集团新型制剂与生物医药国际科技合作基地	药物	河北省	石药集团有限责任公司	示范型国际科技合作基地
88	中药化学领域国际科技合作基地	药物	辽宁省	大连富生天然药物开发有限公司	示范型国际科技合作基地
89	海珍品精深加工国际科技合作创新基地	食品科学	辽宁省	大连工业大学	示范型国际科技合作基地
90	大连海晏堂国际科技合作基地	食品科学	辽宁省	大连海晏堂生物有限公司	示范型国际科技合作基地
91	肿瘤治疗转化医学国际科技合作基地	医学	辽宁省	大连医科大学	示范型国际科技合作基地
92	干细胞移植与再生医学国际科技合作基地	生物医学工程	辽宁省	大连医科大学附属第一医院中英再生医学应用研究中心	示范型国际科技合作基地
93	眼科医药生物技术国际科技合作基地	药物	辽宁省	沈阳绿谷生物技术产业有限公司	示范型国际科技合作基地
94	现代中药国际科技合作基地	药物	吉林省	长春中医药大学	示范型国际科技合作基地
95	鹿业工程国际科技合作基地	动物学	吉林省	吉林省中韩动物科学研究院	示范型国际科技合作基地
96	寒地重大心血管疾病国际科技合作基地	医学	黑龙江省	哈尔滨医科大学	示范型国际科技合作基地
97	黑龙江中医药国际科技合作基地	药物	黑龙江省	黑龙江中医药大学	示范型国际科技合作基地
98	动物用生物制剂研究国际科技合作基地	畜牧学	黑龙江省	中国农科院哈尔滨兽医研究所	示范型国际科技合作基地
99	现代人类学国际科技合作基地	生命科学	上海市	复旦大学	示范型国际科技合作基地
100	医学表观遗传与分子代谢国际科技合作基地	医学	上海市	复旦大学生物医学研究院	示范型国际科技合作基地
101	上海中药创新研究中心国际科技合作基地	药物	上海市	上海中药创新研究中心	示范型国际科技合作基地

续表

序号	名称	研究领域	所在地区	依托单位	机构性质
102	中—德计算生物学国际研究基地	计算生物学	上海市	中国科学院—马普学会计算生物学伙伴研究所	示范型国际科技合作基地
103	中药国际科技合作基地	药物	江苏省	江苏康缘药业股份有限公司	示范型国际科技合作基地
104	先声创新药物研发国际科技合作基地	药物	江苏省	江苏先声药业有限公司	示范型国际科技合作基地
105	南京艾德凯腾生物医药有限责任公司科技部国际合作基地	药物	江东省	南京艾德凯腾生物医药有限责任公司	示范型国际科技合作基地
106	苏州高新区国际科技合作基地	生物医药	江苏省	苏州国家高新技术产业开发区	示范型国际科技合作基地
107	泰州医药高新区国际科技合作基地	药物	江苏省	泰州医药高新技术产业园区	示范型国际科技合作基地
108	无锡生物医药国际科技合作基地	药物	江苏省	无锡生物医药研发服务外包区	示范型国际科技合作基地
109	徐州内镜与微创医学国际科技合作基地	医学	江苏省	徐州市中心医院	示范型国际科技合作基地
110	温州医学院生物医药国际科技合作基地	药物	浙江省	温州医科大学	示范型国际科技合作基地
111	肝病和肝移植研究国际科技合作基地	医学	浙江省	浙江大学医学院附属第一医院	示范型国际科技合作基地
112	出生缺陷诊治国际科技合作基地	医学	浙江省	浙江大学医学院附属儿童医院	示范型国际科技合作基地
113	生物技术应用研究国际科技合作基地	生物工程	安徽省	合肥天麦生物科技发展有限公司	示范型国际科技合作基地
114	国家传染病诊断试剂与疫苗工程技术研究中心	药物	福建省	国家传染病诊断试剂与疫苗工程技术研究中心	示范型国际科技合作基地
115	环境影响早期个体发育国际科技合作基地	医学	福建省	厦门大学附属东方医院	示范型国际科技合作基地
116	生物医药医疗国际科技合作基地	药物	江西省	江西桑海生物医药孵化器发展有限公司	示范型国际科技合作基地
117	南昌大学食品安全国家国际科技合作基地	食品科学	江西省	南昌大学	示范型国际科技合作基地
118	青岛动物用保健品国际科技合作基地	畜牧学	山东省	青岛康地恩药业股份有限公司	示范型国际科技合作基地
119	创新药物国际科技合作基地	药物	山东省	山东绿叶制药有限公司	示范型国际科技合作基地

续表

序号	名称	研究领域	所在地区	依托单位	机构性质
120	超级小麦遗传育种国际合作研究试验站	农业科学	河南省	河南天民种业有限公司	示范型国际科技合作基地
121	河南中医学院国际合作基地	医学	河南省	河南中医学院	示范型国际科技合作基地
122	洛阳高新区国际科技合作基地	药物	河南省	洛阳高新技术产业开发区管委会	示范型国际科技合作基地
123	湖北广济药业股份有限公司国际科技合作基地	药物	湖北省	湖北广济药业股份有限公司	示范型国际科技合作基地
124	湖北省科技信息研究院国际科技合作基地	生命科学	湖北省	湖北省科技信息研究院	示范型国际科技合作基地
125	华中科技大学基因工程国际科技合作基地	生物工程	湖北省	华中科技大学生命科学与技术学院	示范型国际科技合作基地
126	油料作物品质改良与质量安全国际科技合作基地	农业科学	湖北省	中国农科院油料作物研究所	示范型国际科技合作基地
127	生物医学和生命分析化学国际科技合作基地（湖南大学）	医学	湖南省	湖南大学	示范型国际科技合作基地
128	湖南药用植物资源国际合作研发中心	药物	湖南省	湖南农业大学	示范型国际科技合作基地
129	洞庭湖流域生态系统管理与水资源可持续利用国际科技合作基地	环境科学	湖南省	湖南省林业科学院	示范型国际科技合作基地
130	生物医药研发动物实验国际科技合作基地	药物	广东省	东莞松山湖明珠实验动物科技有限公司	示范型国际科技合作基地
131	广东省中医院中医药示范型国际科技合作基地	药物	广东省	广东省中医院	示范型国际科技合作基地
132	广州中医药大学国际科技合作基地	药物	广东省	广州中医药大学	示范型国际科技合作基地
133	热带特色健康食品国际科技合作基地	食品科学	广东省	华南理工大学	示范型国际科技合作基地

续表

序号	名称	研究领域	所在地区	依托单位	机构性质
134	暨南大学—香港中文大学再生医学联合重点实验室	医学	广东省	暨南大学	示范型国际科技合作基地
135	基因组学国际科技合作基地	基础生物学	广东省	深圳华大基因研究院	示范型国际科技合作基地
136	广东省干细胞与再生医学国际科技合作基地	生物医学工程	广东省	中国科学院广州生物医药与健康研究院	示范型国际科技合作基地
137	长非编码 RNA 与重大疾病国际科技合作基地	医学	广东省	中山大学孙逸仙纪念医院	示范型国际科技合作基地
138	Carson 国际肿瘤干细胞疫苗研发基地	药物	广东省	深圳大学	示范型国际科技合作基地
139	亚热带农业生物资源保护与利用国际科技合作基地	农业科学	广西壮族自治区	广西大学	示范型国际科技合作基地
140	广西林业国际科技合作基地	林学	广西壮族自治区	广西壮族自治区林业科学研究院	示范型国际科技合作基地
141	热带特色医疗国际科技合作基地	医学	海南省	海口市人民医院	示范型国际科技合作基地
142	南药资源可持续利用国际科技合作基地	药物	海南省	中国医学科学院药用植物研究所海南分所	示范型国际科技合作基地
143	超声医疗国际科技合作基地	医学	重庆市	重庆海扶（HIFU）技术有限公司	示范型国际科技合作基地
144	儿童发育重大疾病国际科技合作基地	医学	重庆市	重庆医科大学附属儿童医院	示范型国际科技合作基地
145	大熊猫保护研究与教育国际科技合作基地	动物学	四川省	成都大熊猫繁育研究基地	示范型国际科技合作基地
146	成都中医药大学国际科技合作基地	药物	四川省	成都中医药大学	示范型国际科技合作基地
147	生物医用材料国际科技合作基地	生物医学工程	四川省	国家生物医学材料工程技术研究中心（四川大学）	示范型国际科技合作基地
148	新希望农产品加工国际科技合作示范基地	农业科学	四川省	新希望集团有限公司	示范型国际科技合作基地

续表

序号	名称	研究领域	所在地区	依托单位	机构性质
149	四川抗菌素工业研究所国际科技合作基地	药物	四川省	中国医药集团总公司四川抗菌素工业研究所	示范型国际科技合作基地
150	贵阳医学院国际科技合作基地	医学	贵州省	贵阳医学院	示范型国际科技合作基地
151	贵州大学国际科技合作基地	农业科学	贵州省	贵州大学绿色农药与农业生物工程国家重点实验室	示范型国际科技合作基地
152	中国（云南）灵长类实验动物与动物实验国际合作基地	动物学	云南省	昆明亚灵生物科技有限公司	示范型国际科技合作基地
153	人用疫苗研发生产国际合作基地	药物	云南省	云南沃森生物技术股份有限公司	示范型国际科技合作基地
154	传染病疫苗研发与产业化国际科技合作基地	药物	云南省	中国医学科学院医学生物学研究所	示范型国际科技合作基地
155	西北地区肉羊肉牛遗传改良国际科技合作基地	农业科学	甘肃省	甘肃农业大学	示范型国际科技合作基地
156	中医药防治慢性病国际科技合作基地	医学	甘肃省	甘肃中医学院	示范型国际科技合作基地
157	兰州大学生物制药国际科技合作基地	药物	甘肃省	兰州大学	示范型国际科技合作基地
158	青海大学高原医学国际科技合作基地	医学	青海省	青海大学	示范型国际科技合作基地
159	青海高原体育科学国际科技合作基地	人口与健康	青海省	青海省体育科学研究所	示范型国际科技合作基地
160	青海省畜牧兽医科学院国际科技合作基地	畜牧学	青海省	青海省畜牧兽医科学院	示范型国际科技合作基地
161	新疆地方性高发病国际科技合作基地	医学	新疆维吾尔自治区	石河子大学	示范型国际科技合作基地
162	中亚民族药创新药物研发国际科技合作基地	药物	新疆维吾尔自治区	中国科学院新疆理化技术研究所	示范型国际科技合作基地
163	四川医药国际技术转移中心	生物医药	四川省	四川大学华西医院	国际技术转移中心

附录 9　国家高新技术产业开发区（含生物医药产业）目录

序号	基地平台名称	所在地区
1	中关村国家自主创新示范区	北京市
2	天津滨海高新技术产业开发区	天津市
3	石家庄高新技术产业开发区	河北省
4	保定高新技术产业开发区	河北省
5	唐山高新技术产业开发区	河北省
6	燕郊高新技术产业开发区	河北省
7	承德高新技术产业开发区	河北省
8	大连高新技术产业开发区	辽宁省
9	沈阳高新技术产业开发区	辽宁省
10	鞍山高新技术产业开发区	辽宁省
11	辽阳高新技术产业开发区	辽宁省
12	本溪高新技术产业开发区	辽宁省
13	锦州高新技术产业开发区	辽宁省
14	营口高新技术产业开发区	辽宁省
15	阜新高新技术产业开发区	辽宁省
16	通化医药高新技术产业开发区	吉林省
17	长春高新技术产业开发区	吉林省
18	延吉高新技术产业开发区	吉林省
19	长春净月高新技术产业开发区	吉林省
20	吉林高新技术产业开发区	吉林省
21	佳木斯高新技术产业开发区	黑龙江省
22	伊春高新技术产业开发区	黑龙江省
23	大庆高新技术产业开发区	黑龙江省
24	牡丹江高新技术产业开发区	黑龙江省
25	哈尔滨高新技术产业开发区	黑龙江省
26	齐齐哈尔高新技术产业开发区	黑龙江省
27	上海张江高新技术产业开发区	上海市
28	上海紫竹高新技术产业开发区	上海市

续表

序号	基地平台名称	所在地区
29	上海漕河泾新兴技术开发区	上海市
30	嘉兴秀洲高新技术产业开发区	浙江省
31	宁波高新技术产业开发区	浙江省
32	温州高新技术产业开发区	浙江省
33	衢州高新技术产业开发区	浙江省
34	湖州莫干山高新技术产业园区	浙江省
35	杭州高新技术产业开发区	浙江省
36	绍兴高新技术产业开发区	浙江省
37	萧山临江高新技术产业开发区	浙江省
38	泰州医药高新技术产业开发区	江苏省
39	徐州高新技术产业开发区	江苏省
40	苏州高新技术产业开发区	江苏省
41	苏州工业园区	江苏省
42	南京高新技术产业开发区	江苏省
43	淮安高新技术产业开发区	江苏省
44	无锡高新技术产业开发区	江苏省
45	江阴高新技术产业开发区	江苏省
46	常熟高新技术产业开发区	江苏省
47	连云港高新技术产业开发区	江苏省
48	扬州高新技术产业开发区	江苏省
49	昆山高新技术产业开发区	江苏省
50	常州高新技术产业开发区	江苏省
51	武进高新技术产业开发区	江苏省
52	南通高新技术产业开发区	江苏省
53	镇江高新技术产业开发区	江苏省
54	盐城高新技术产业开发区	江苏省
55	宿迁高新技术产业开发区	江苏省
56	威海火炬高技术产业开发区	山东省
57	济南高新技术产业开发区	山东省
58	青岛高新技术产业开发区	山东省
59	淄博高新技术产业开发区	山东省

续表

序号	基地平台名称	所在地区
60	潍坊高新技术产业开发区	山东省
61	济宁高新技术产业开发区	山东省
62	烟台高新技术产业开发区	山东省
63	临沂高新技术产业开发区	山东省
64	泰安高新技术产业开发区	山东省
65	德州高新技术产业开发区	山东省
66	莱芜高新技术产业开发区	山东省
67	枣庄高新技术产业开发区	山东省
68	黄河三角洲农业高新技术产业示范区	山东省
69	三明高新技术产业开发区	福建省
70	泉州高新技术产业开发区	福建省
71	福州高新技术产业开发区	福建省
72	厦门火炬高技术产业开发区	福建省
73	漳州高新技术产业开发区	福建省
74	南昌高新技术产业开发区	江西省
75	新余高新技术产业开发区	江西省
76	吉安高新技术产业园区	江西省
77	鹰潭高新技术产业开发区	江西省
78	景德镇高新技术产业开发区	江西省
79	赣州高新技术产业开发区	江西省
80	九江共青城高新技术产业开发区	江西省
81	宜春丰城高新技术产业开发区	江西省
82	抚州高新技术产业开发区	江西省
83	郑州高新技术产业开发区	河南省
84	洛阳高新技术产业开发区	河南省
85	安阳高新技术产业开发区	河南省
86	南阳高新技术产业开发区	河南省
87	新乡高新技术产业开发区	河南省
88	焦作高新技术产业开发区	河南省
89	武汉东湖高新技术开发区	湖北省
90	襄阳高新技术产业开发区	湖北省

续表

序号	基地平台名称	所在地区
91	宜昌高新技术产业开发区	湖北省
92	孝感高新技术产业开发区	湖北省
93	荆门高新技术产业开发区	湖北省
94	仙桃高新技术产业开发区	湖北省
95	黄冈高新技术产业园区	湖北省
96	潜江高新技术产业开发区	湖北省
97	荆州高新技术产业开发区	湖北省
98	黄石大冶湖高新技术产业开发区	湖北省
99	随州高新技术产业园区	湖北省
100	长沙高新技术产业开发区	湖南省
101	郴州高新技术产业开发区	湖南省
102	湘潭高新技术产业开发区	湖南省
103	益阳高新技术产业开发区	湖南省
104	衡阳高新技术产业开发区	湖南省
105	常德高新技术产业开发区	湖南省
106	怀化高新技术产业开发区	湖南省
107	合肥高新技术产业开发区	安徽省
108	蚌埠高新技术产业开发区	安徽省
109	芜湖高新技术产业开发区	安徽省
110	马鞍山慈湖高新技术产业开发区	安徽省
111	铜陵狮子山高新技术产业开发区	安徽省
112	淮南高新技术产业开发区	安徽省
113	肇庆高新技术产业开发区	广东省
114	珠海高新技术产业开发区	广东省
115	东莞松山湖高新技术产业开发区	广东省
116	汕头高新技术产业开发区	广东省
117	江门高新技术产业开发区	广东省
118	源城高新技术产业开发区	广东省
119	湛江高新技术产业开发区	广东省
120	茂名高新技术产业开发区	广东省

续表

序号	基地平台名称	所在地区
121	清远高新技术产业开发区	广东省
122	广州高新技术产业开发区	广东省
123	深圳高新技术产业开发区	广东省
124	佛山高新技术产业开发区	广东省
125	中山火炬高技术产业开发区	广东省
126	桂林高新技术产业开发区	广西壮族自治区
127	南宁高新技术产业开发区	广西壮族自治区
128	北海高新技术产业开发区	广西壮族自治区
129	海口高新技术产业开发区	海南省
130	重庆高新技术产业开发区	重庆市
131	璧山高新技术产业开发区	重庆市
132	荣昌高新技术产业开发区	重庆市
133	成都高新技术产业开发区	四川省
134	乐山高新技术产业开发区	四川省
135	泸州高新技术产业开发区	四川省
136	德阳高新技术产业开发区	四川省
137	内江高新技术产业开发区	四川省
138	绵阳高新技术产业开发区	四川省
139	自贡高新技术产业开发区	四川省
140	贵阳高新技术产业开发区	贵州省
141	安顺高新技术产业开发区	贵州省
142	昆明高新技术产业开发区	云南省
143	楚雄高新技术产业开发区	云南省
144	玉溪高新技术产业开发区	云南省
145	杨凌农业高新技术产业示范区	陕西省
146	宝鸡高新技术产业开发区	陕西省
147	渭南高新技术产业开发区	陕西省
148	榆林高新技术产业开发区	陕西省
149	咸阳高新技术产业园区	陕西省
150	安康高新技术产业开发区	陕西省

续表

序号	基地平台名称	所在地区
151	西安高新技术产业开发区	陕西省
152	青海高新技术产业开发区	青海省
153	包头稀土高新技术产业开发区	内蒙古自治区
154	呼和浩特金山高新技术产业开发区	内蒙古自治区
155	鄂尔多斯高新技术产业开发区	内蒙古自治区
156	银川高新技术产业开发区	宁夏回族自治区
157	太原高新技术产业开发区	山西省
158	长治高新技术产业开发区	山西省
159	晋城经济技术开发区	山西省
160	白银高新技术产业开发区	甘肃省
161	酒泉高新技术产业开发区	甘肃省
162	兰州高新技术产业开发区	甘肃省
163	乌鲁木齐高新技术产业开发区	新疆维吾尔自治区
164	昌吉高新技术产业开发区	新疆维吾尔自治区
165	新疆生产建设兵团石河子高新技术产业开发区	新疆维吾尔自治区

附录 10　国家中药现代化科技产业基地目录

序号	基地平台名称	依托单位	所在地区
1	国家中药现代化科技产业（天津）基地	无	天津市
2	国家中药材规范化种植示范（河北）基地	无	河北省
3	国家中药现代化科技产业（山西）基地	无	山西省
4	国家中药现代化科技产业（内蒙古）基地	无	内蒙古自治区
5	国家中药现代化科技产业（吉林）基地	无	吉林省
6	国家中药材规范化种植示范（黑龙江）基地	无	黑龙江省
7	国家中药现代化科技产业（江苏）基地	无	江苏省
8	国家中药现代化科技产业（浙江）基地	无	浙江省
9	国家中药现代化科技产业（安徽）基地	无	安徽省
10	国家中药现代化科技产业（福建）基地	无	福建省
11	国家中药现代化科技产业（江西）基地	无	江西省
12	国家中药现代化科技产业（山东）基地	无	山东省
13	国家中药现代化科技产业（河南）基地	无	河南省
14	国家中药现代化科技产业（湖北）基地	无	湖北省
15	国家中药材规范化种植示范（湖南）基地	无	湖南省
16	国家中药现代化科技产业（广东）基地	无	广东省
17	国家中药现代化科技产业（广西）基地	无	广西壮族自治区
18	国家中药现代化科技产业（海南）基地	无	海南省
19	国家中药现代化科技产业（重庆）基地	无	重庆市
20	国家中药现代化科技产业（四川）基地	无	四川省
21	国家中药现代化科技产业（贵州）基地	无	贵州省
22	国家中药现代化科技产业（云南）基地	无	云南省
23	国家中药现代化科技产业（陕西）基地	无	陕西省
24	国家中药现代化科技产业（甘肃）基地	无	甘肃省
25	国家中药现代化科技产业（宁夏）基地	无	宁夏回族自治区

附录 11　国家大型科学仪器中心目录

序号	基地平台名称	依托单位	所在地区
1	北京傅里叶变换质谱中心	国家生物医学分析中心	北京市
2	北京质谱中心	中国科学院化学研究所	北京市
3	北京磁共振脑成像中心	中国科学院、北京医院	北京市
4	北京核磁共振中心	北京大学	北京市
5	北京电子显微镜中心	清华大学	北京市
6	中子散射谱仪中心	中国科学院化学研究所、中国原子能科学研究院	北京市
7	长春质谱中心	中国科学院长春应用化学研究所	吉林省
8	上海有机质谱中心	中国科学院上海有机化学研究所	上海市
9	武汉磁共振中心	中国科学院武汉物理与数学研究所	湖北省
10	广州质谱中心	中国科学院广州地球化学研究所	广东省
11	国家 X 射线数字化成像仪器中心	中国工程物理研究院应用电子学研究所	四川省